KB169338

홍차 탐구

홍차 탐구

홍차를 마시면
누구나 궁금해지는 이야기들

문기영 지음

글항아리

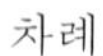

차례

3장

4장

5장

6장

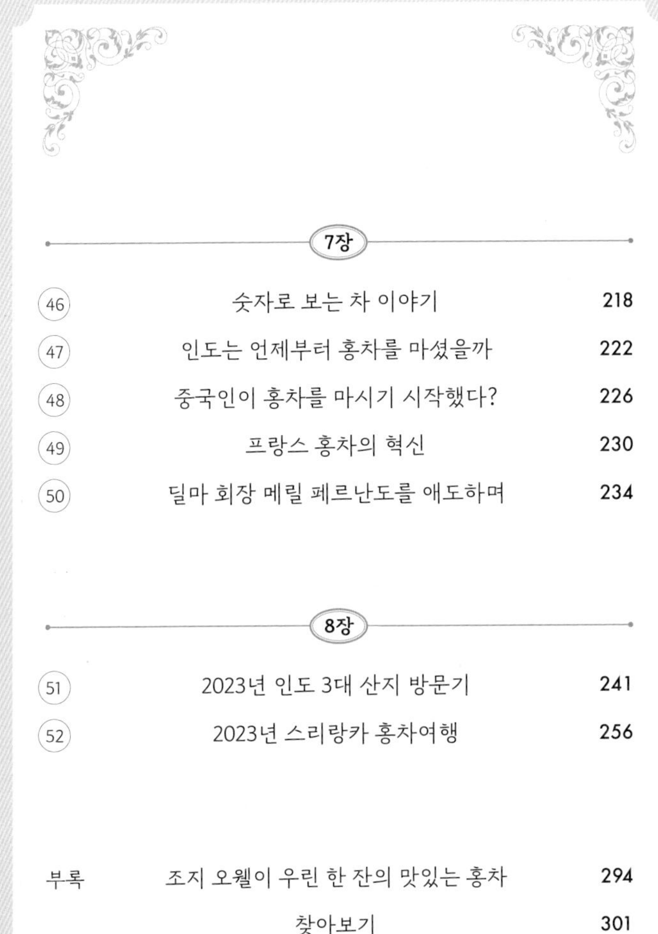

머리말

목적이 있으면 누구나 배우고 공부한다. 나는 마시는 차茶에 대해 가르치고 있다. 하지만 첫 시작은 나 자신을 위한 공부였다. 차라는 음료를 마시기 시작하면서 차에 대해 알고 싶은 게 많았기 때문이다.

떠오르는 수많은 질문에 대한 답을 찾기 위해 우선 다양한 차를 마시기 시작했다. 그다음은 차 관련 책을 읽기 시작했다. 그리고 차가 생산되는 인도, 스리랑카, 중국, 타이완, 한국의 보성과 하동 등을 방문해 차나무가 어떻게 자라는지, 차가 어떻게 가공되는지를 직접 보기 시작했다. 홍차 문화를 발전시킨 유서 깊은 차 브랜드가 많은 영국, 프랑스 등도 자주 드나들었다. 차에 관한 지식이 늘어나고 정보량이 많아지면서 처음의 무질서한 질문들에 대한 답이 체계적으로 정리되기 시작했다. 그 결과물이 『홍차 수업』과 『홍차 수업2』, 『철학이 있는 홍차 구매가이드』 같은 몇 권의 홍차 책이다.

지난 13년간, 매일 여러 번 차를 우려서 마시고 있다. 그럼에도 여전히 차 맛은 신비롭다. 세상에는 수없이 많은 차가 있고 같은 생산지에서도 끊임없이 새로운 맛과 향을 가진 차들이 나온다. 같은 차를 우려도 매번 맛과 향에 변화가 있다.

그런데 입안에서 느껴지는 물성적 감촉만이 맛은 아니다. 차가 만들어지는 장소와 사람에 대한 기억, 만들어지는 과정에 대한 이해, 차와 관련된 역사, 마시는 분위기, 같이 마시는 사람 등이 함께 어우러져 뇌가 판단하는 것이 진짜 맛이다.

따라서 차 공부는 지금도 매일 계속되고 있다. 그리고 그 범위를 넓혀가는 중이다. 하면 할수록 궁금한 것이 더 늘어나기 때문이다. 그만큼 더 알고 싶고 무엇보다도 재미있다. 차에 대한 지식이 늘어날수록 차가 훨씬 더 맛있어지는 경험도 하게 된다. 차 공부가 필요한 이유다.

『홍차 수업』과 『홍차 수업2』는 차를 제대로 이해함에 있어 꼭 필요한 내용들을 순서를 밟아 체계적으로 정리한 것으로 홍차에 대한 교과서 역할을 목표로 한 것이다.

이번 책은 차 애호가들이 궁금해 하는 50개 주제에 관해 입체적이고 심층적으로 접근했다. 따라서 차를 새롭게 알아보고자 하는 독자들은 짧은 시간에 '차가 무엇인지' '홍차가 무엇인지'에 대한 전체적인 윤곽을 잡는 데 도움이 되는 내용들이다. 동시에 오랫동안 차를 즐겨왔음에도 정리된 차 지식에 대한 아쉬움을 갖고 있는 차 애호가들에게는 한 단계 업그레이드 된 정보와 지식이 될 것이다.

차를 마시고 공부하고 가르치면서 차를 좋아하는 많은

분과 만나게 되었다. 좋은 차를 함께 마시면서 그 맛과 향을 같이 느끼고 같이 감동하는 즐거움은 이루 말할 수 없이 크다. 인도, 스리랑카 등 차 산지 여행을 함께 하면서 차를 사랑하는 사람만이 느낄 수 있는 즐거움을 공유하는 것 역시 또 다른 기쁨이다. 앞으로도 늘 함께할 모든 다우님께 깊이 감사드린다.

더불어 이 책을 위해 귀한 사진들을 기꺼이 제공해주신 여러 선생님께도 진심으로 감사를 전한다. 인생에서 만나기 마련인 어려운 시기를 겪고 있는 사랑하는 딸 규리를 아빠는 아빠의 방식으로 항상 응원한다.

2023년 10월

문기영

1장

01 코로나 시대와 홍차의 미덕

영국은 홍차의 나라로 알려져 있다. 1700년 무렵부터 중국에서 직접 수입하기 시작한 홍차는 가격이 비싸 처음에는 상류층 음료였다. 1860년경 식민지인 인도와 이후 스리랑카에서 본격적으로 생산하기 시작하면서 수입량이 늘어나고 가격이 저렴해졌다. 1890년경부터는 전 국민이 즐겨 마시는 국민음료가 되었다.

1961년에는 전 세계 기준 수출된 차의 43퍼센트를 영국이 수입했다. 2000년까지만 하더라도 차 수입량 세계 1위가 영국이었다. 최근에는 파키스탄, 미국, 러시아 다음으로 4위다. 그럼에도 2015년 기준으로 국가별 소비량이 11만3톤으로 2위인 독일의 1만9톤보다 거의 6배나 더 많아, 유럽 전체의 차 소비 절반 이상이 영국에서 일어난다.

최근에는 커피 소비량이 늘어나면서 홍차 소비량이 정체되고는 있지만 그래도 커피보다는 홍차 소비량이 훨씬 더 많다. 성인 인구의 86퍼센트가 차를 마시고, 53퍼센트는 매일 마시고, 55세 이상에서는 60퍼센트가 매일 마신다. 정말 홍차의 나라가 맞다.

2019년 초부터 시작된 코로나 팬데믹으로 인한 강력한 봉쇄조치Lockdown는 영국인의 홍차음용에도 큰 영향을 미쳤다.

조사 시점이나 자료에 따라 조금씩 다르지만 평균적으로 볼 때 2020년 홍차 판매량이 2019년 대비 약 50퍼센트 이상 증가한 것으로 나온다. 평소 연간 약 360억 잔이 소비되었는데 2020년에는 약 610억 잔이 소비되었다는 자료도 있다.

봉쇄로 집에 있는 시간이 길어지면서 홍차 소비량이 늘어나게 되었다. 증가 이유로는 심리적 안정과 위안을 위해서가 1위였다. 다음이 수분 섭취, 친구나 가족 간 교류를 위해서가 3위였다. 뜻밖에도 '건강'은 순위에 들지 못했다.

홍차를 마신 이유 1위가 '심리적 안정과 위안'이라는 것에서 볼 수 있듯이 영국이 홍차의 나라라고 하는 것은 어쩌면 이런 이유가 더 클지도 모른다. 위에서 본 숫자들도 물론 중요하지만, 영국인들에게 있어 홍차는 단순한 기호음료 이상이기 때문이다.

제2차 세계대전 당시 독일과의 전쟁으로 국가 안위가 위태로운 여건에서도 홍차 수입은 계속되었다. 어렵게 수입한 홍차를 비록 배급 형태이지만 국민들에게 꾸준히 공급했다. 영국인들에게 한 잔의 홍차가 주는 심리적 안정이 매우 컸기 때문이다. 특히 전장에 나간 군인들에게는 무제한으로 공급되었다. 영국 수상 윈스턴 처칠은 "홍차는 영국군인들에게 총알보다 훨씬 더 중요하다"라는 유명한 말을 남겼다.

2017년 개봉한, 제2차 세계대전을 배경으로 한 영화 「덩케르크Dunkirk」에서 보면 구조된 영국 군인들에게는 제일 먼저 한 잔의 따뜻한 홍차가 제공된다. 제2차 세계대전 기간 독일의 공습으로 런던은 큰 어려움을 겪었다. 내가 본 인상적인 사진 한 장은, 폭격으로 다 부서져 잔해만 남은 집 위에 걸터앉아 홍차를 마시고 있는 어느 여성의 모습과 그 아래 설명이었다. “삶이 당신을 아주 녹초로 만들 때, 할 수 있는 유일한 것은 차 마시는 것뿐이다.”

어쩔 수 없는 상황에서도 한 잔의 홍차를 위로로 삼고 용기를 내라는 뜻일 것이다.

물론 코로나 팬데믹 상황이 전쟁에 비할 수는 없지만 국가, 사회적으로도, 개인적으로도 위기임은 틀림없다. 지금 우리나라에서도 똑같이 겪고 있으니 너무나 잘 알 수 있다.

실제로 홍차에는 심리적, 정서적 안정을 주는 아주 중요한 성분이 포함되어 있기도 하다(홍차뿐만 아니라 차나무 잎으로 만든 진짜 차는 효능 면에서 거의 동일하다). 차의 주요한 성분 중 하나로 테아닌Theanine이 있다. 테아닌은 알파 뇌파Alpha brain wave 활동을 촉진시켜 긴장 완화를 통해 몸과 마음에 여유를 주고, 사람을 기분 좋게 하는 호르몬인 세로토닌Serotonin과 도파민Dopamine 수준을 높인다는 신뢰할 수 있는 연구 자료가 많다. 최근에 이 테아닌을 주성분으로 하는 ‘쉼’이라는 상품명의 유산균 음료가 출시되어 광고를 많이 하고 있기도 하다.

커피 또한 수많은 장점이 있지만 주요 성분인 카페인이 중추신경을 자극한다. 이로써 흥분, 각성 작용으로 인해 심리적 위안과 안정에는 적합하지 않아 보인다. 심리적 위안과 안정에는 술 또한 중요한 역할을 하지만 그 부작용 또한 만만치 않다.

지난 3년 이상 코로나와 싸우며 점점 지쳐가는 이들에게 차는 일상과 평상심을 유지하고 안정감을 느끼게 해준다. 한잔의 차로 사랑하는 이웃들에게도 좋은 기운을 전달해보자.

02 차 공부의 실용적 목적

10년 전쯤 사진 찍는 법을 배운 적이 있다. 사진을 찍을 때는 카메라라는 기계를 사용해야 하기에 카메라의 구조와 조작법에 대해 배우고, 빛을 이용하는 법, 피사체를 보는 법 등에 대해서도 배웠다. 많은 시간과 비용을 들였다. 이유는 사진을 "잘 찍고 싶었기" 때문이다.

목적이 있으면 배우고 공부한다. 나는 마시는 차茶에 대해 가르치고 있다. 하지만 첫 시작은 나 자신을 위한 공부였다. 차라는 음료를 마시기 시작하면서 차에 대해 알고 싶은 게 많았기 때문이다.

차는 어떤 음료인가? 차나무의 싹이나 잎으로 만든 것이다. 그러면 녹차, 홍차, 우롱차는 무엇이 다른가? 차나무의 싹이나 잎으로 만들긴 하지만 만드는 방법이 다르다. 만드는 방법이 어떻게 다른가? 차를 처음 만들고 마신 나라는 어디인가? 중국이다. 언제부터 마시기 시작했나? 전설에 따르면 5000년 전, 역사적으로도 약 3000년 전부터다. 중국인은 어떤 종류의 차를 가장 많이 마시는가? 녹차다. 세계적으로 가장 많이 소비되는 차는? 홍차다. 홍차는 어느 나라가 가장 많이 생산하고 마시나? 인도다. 인도는 언제부터 홍차를 마시기 시작했나? 20세기 초반, 100년쯤 되었다. 어떻게 인도에서 홍차가 생산되기 시작했나? 영국인이 자국 내 필요한 홍차를 공급하기 위해서 식민지인 인도에서 생산했다. 영국은 어떻게 해서 홍차를 많이 마시게 되었나?

차는 찻잎을 우려서만 마시는가? 찻잎을 끓여서도 마시고, 찻잎을 가루 내어 물에 타서도 마신다. 우려마시는 방법은 명나라 때부터 유행하기 시작했다. 찻잎을 가루 내어 물에 타서 마시는 일본 맛차抹茶는 송나라 음용법을 발전시킨 것이다.

차는 건강에 좋은 음료라고 알려져 있다. 어떤 성분이 들어 있나? 폴리페놀, 카페인, 테아닌이 주성분이다. 커피에 들어 있는 카페인과 성분이 같은가? 99퍼센트는 같은 성분이다. 다만 효능에 있어서는 훨씬 약하고 부드럽다.

홍차는 어떻게 우려야 맛있나? 물과 찻잎의 비율은? 우려내는 시간은? 물은 반드시 펄펄 끓여야 하나?

애프터눈 티는 무엇인가? 언제 생겼나? 잉글리시 브렉퍼스트는 어떤 차인가?

보이차는 어떤 차인가? 보이차는 왜 오래 될수록 더 비싸지는가?

내가 처음 차에 대해 알고 싶어 할 때 무질서하게 가졌던 질문들이다. 답을 찾기 위해 우선 다양한 차를 마시기 시작했다. 다음은 차 관련 책을 읽기 시작했다. 그리고 차가 생산되는 인도, 스리랑카, 중국, 타이완, 한국의 보성과 하동 등을 방문해 차나무가 어떻게 자라는지, 차가 어떻게 가공되는지를 직접 보기 시작했다. 홍차 문화를 발전시켜온

전통 깊은 차 브랜드들이 많은 영국, 프랑스 등을 방문했다. 차에 관한 지식이 늘어나고 정보량이 많아지면서 처음 가졌던 무질서한 질문들에 대한 답들이 질서 있게 정리되기 시작했다. 그 결과물이 내가 쓴 몇 권의 홍차 책이다.

나는 여전히 사진을 잘 찍지 못한다. 일상에서는 주로 핸드폰으로 찍고 카메라는 1년에 몇 번, 차 생산지를 방문할 때만 사용하다보니 조작법도 거의 잊었다. 사진은 여전히 잘 찍고 싶지만, 시간과 돈을 들여 더 배우고 그 지식을 유지할 만큼의 열정과 관심이 있는 것 같지는 않다.

하지만 차 공부는 지금도 매일 한다. 그리고 그 범위를 넓혀가고 있다. 하면 할수록 궁금한 점이 더 늘어나기 때문이다. 그 만큼 더 알고 싶다. 그리고 무엇보다도 재미있다.

매일, 여러 번 차를 우려서 마신다. 그럼에도 여전히 차 맛은 신비롭다. 세상에는 수없이 많은 차가 있고 같은 생산지에서도 끊임없이 새로운 맛과 향을 가진 차들이 나온다. 같은 차를 우려도 매번 맛과 향에 변화가 있다.

내가 하는 차 공부는 매우 실용적인 목적을 갖고 있었고 지금도 그러하다. 우선은 좋은 차를 고르는 안목을 갖고 싶다. 그리고 그 안목으로 선택한 다양한 차를 각각의 특성에 맞게 잘 우려서 최고로 맛있게 마시고 싶다. 그런데 입안에서 느껴지는 물성적 감촉만이 맛은 아니다. 차가 만들어지는 장소와 사람에 대한 기억, 만들어지는 과정에 대한 이해, 차와 관련된 역사, 마시는 분위기, 같이 마시는 사람 등이 함께 어우러져서 내 뇌가 판단하는 것이 진짜 맛이다. 차에 대한 지식이 늘어날수록 차가 훨씬 더 맛있어지는 경험을 하게 된다. 차 공부가 필요한 이유다.

핸드폰은 매년 업그레이드되어 신제품이 나오고 그 속도만큼 세상은 빨리 변하고 있다. 정말 무서울 정도로.

하지만 변하지 않는 일상은 우리가 매일 무엇인가를 마시고 있는 것이다. 물, 커피, 차, 탄산음료, 주스, 술과 같은 음료가 있다. 이중 차는 부작용이 거의 없는 반면 장점은 매우 많은 음료다. 그리고 모든 것이 빠르고 급한 시대에 매우 느린 음료이기도 하다. 차가 가진 가장 큰 매력이다.

03 일상의 우아함, 홍차

우리나라 소비자들의 변화하는 트렌드를 분석하고 전망하는 책들이 매년 나오고 있다. 그중 하나인 『트렌드코리아』는 몇 년 전 2015년을 위한 10대 소비 트렌드 중 하나로 "럭셔리의 끝, 평범"을 선정했었다.

그리고 다음과 같이 요약했다. "사치가 대중화된 현대사회, 명품이 사치의 아이콘이던 시대는 지났다. 이제 진정으로 럭셔리한 아이템은 유명 브랜드가 아니라 '평범함 속의 여유'다. 여유는 우아함을 동반한다. 그 여유로운 우아함이란, 최대한 평범하고 심플한 멋이 만들어내는 라이프스타일에서 나온다." 더불어 "명품 지고 여유" "여유롭게 편안하게" "사치의 진화: '비싼 것 갖기'에서 '우아하게 살기'"와 같은 표현들도 있다.

삶의 수준이 향상된 사람들에게 이제는 일상에서의 만족이 더 중요한 삶의 지표가 되었다는 뜻이다. 이런 일상에서의 만족을 위한 하나의 수단으로 홍차가 있다. 이런 이유로 외부 강의를 나갈 때 '일상의 우아함, 홍차'를 제목으로 자주 사용한다.

리추얼Ritual을 영어사전에서 찾아보면 "의식, 의례" "(항상 규칙적으로 행하는)의례적인 일"이란 뜻이 있다. 대부분의 사람은 아마도 결혼식, 장례식, 돌잔치, 고백 같은 것을

중요한 리추얼(의식, 의례)로 여길 것이다. 하지만 이런 리추얼은 평생 몇 번밖에 없다. 일상에서 매일 매일 반복되는 리추얼은 어떤 게 있을까?

오래 전, 직장 업무와 관련하여 주부들의 커피 음용방식과 관련된 소비자조사를 실시한 기억이 있다. 질문 중 하나가 "하루 중 언제 커피를 마시느냐"였는데, "아침, 남편 출근시키고 아이들 학교 보내고 난 직후"라는 답이 가장 많았다. 대부분의 주부에게는 아마도 이 아침 시간이 가장 중요할지도 모른다. 이 바쁘고도 중요한 "업무"를 마친 후 커피 한 잔 하면서 한숨 돌리고 자신만의 시간을 갖는다. 이때 주부에게 커피를 마시는 행위는 매일 매일 반복된다는 의미에서 그리고 자신을 새롭게 하면서Refreshing 이 행위를 기점으로 어떤 전환이 일어난다는 의미에서 하나의 "리추얼"이라고 볼 수 있다.

어쩌면 우리에게 중요한 것은 이 같은 "일상 속에서의" 리추얼일지도 모른다. 매일 반복되는 사소한 행위지만 각자에게는 의미 있는 순간이고 짧지만 진정한 휴식일 수도 있고 일상을 견딜 수 있게 해주는 삶의 에너지일 수도 있다. 음악을 들을 수도 있고, 담배를 피울 수도 있고, 허공을 쳐다볼 수도 있다. 누구에게나 이런 정도의 리추얼은 반드시 있다.

이 글 첫 부분과 연결시키면 럭셔리한 삶이란 이같이 매일 반복되는 일상의 리추얼을 아주 멋지고 만족스럽게 가꾸는 것이다. 게다가 먹고 마시는 행위는 사람들의 일상을 이루는 가장 중요한 요소다.

실제로 지난 10년간, 고급 커피 음용이 급격히 증가하면서 많은 사람이 럭셔리한 일상(속 리추얼)을 위해 커피를 배웠다. 머그컵에 믹스커피를 타서 마시는 대신, 자기가 좋아하는 맛과 향의 원두를 사와서 직접 갈고 추출해서 마신다. 원두를 구입하는 과정도 멋져 보이고 콩을 가는 과정도 낭만적이고 이때 코로 들어오는 향 또한 환상적이다. 이렇게 만든 커피는 당연히 맛있고 훌륭하다. 믹스커피를 마시는 자신과 비교해보면 너무나 멋지고 만족스럽다. 따라서 상당 기간 이런 삶을 즐겼을 것이다.

하지만 이런 우아함이 얼마나 오래 지속될 수 있을까. 일상에서 반복되는 리추얼은 쉽고 간단하고 여러 가지 면에서 부담이 없어야 한다. 일단 원두를 갈아서 추출해서 마신 후 남은 찌꺼기를 뒤처리하는 과정까지가 길고 복잡하다. 바쁜 일상에서 하루에 한 번 하기도 힘들다. 또 원두 가격도 비싼 편이고 구입 후에는 산패 우려도 있어 가능한 빨리 소비해야 한다. 게다가 이렇게 추출한 커피는 카페인 함량이 아주 높다. 배우는 동안에는 이 방식으로 추출해 마셔도 배우는 과정이 끝나면 어지간한 커피 애호가가 아니면 계속하기 쉽지 않다. 내 경험이기도 하다.

반면 "일상 속 반복되는 리추얼은 쉽고 간단해야 한다"라는 측면에서 홍차는 많은 장점이 있다. 가장 큰 장점은 준비하는 과정이 간단하다. 건조한 홍차 찻잎 적당량을 티포트에 넣고 펄펄 끓인 적당량의 물을 붓고 3~5분 정도 지나면 마실 수 있다. 가격 또한 저렴한 편이다. 커피 한잔과 홍차 한잔을 비교해도 그렇고 다른 종류 차들과 비교해도 홍차는 저렴한 편이다. 좋은 품질의 홍차를 기준으로 해도 그렇다. 또 소비기한에 쫓기지 않아도 된다. 보관법에 따라 조금 차이는 있지만 보통 2~3년은 무방하다. 카페인 함량 또한 커피에 비해서는 아주 적다. 이 외에도 차는 건강음료다. 항산화 효능으로 잘 알려진 폴리페놀이 풍부하다. 차 속에 특히 많이 함유되어 있는 테아닌 성분은 인지능력 향상, 집중력 강화에도 도움이 되고 긴장 완화를 통해 몸과 마음에 여유를 준다는 연구 결과도 많다.

이 모든 것에 더하여 내가 생각하는 가장 큰 미덕은 스마트폰으로 상징되는 디지털 시대에 홍차의 아날로그 같은 위안이다. 물 끓이고 우려서 뜨거운 차를 천천히 마시는 사소한 과정이 바로 리추얼이고 이 과정을 통해 나 자신을 소중히 여기고 스스로를 대접하게 된다. 차 한 잔 마시는 이 짧은 시간이 내 삶을 풍요롭게 하면서 위로를 준다. 그러면서 몸과 마음, 정신을 새롭게 하고 앞으로 나아갈 에너지를 얻게 된다. 홍차가 주는 비할 바 없는 미덕이다.

04 홍차의 고급화와 유니레버 제국의 몰락

우리나라에서 도브 비누 판매사로 잘 알려져 있는 유니레버Unilever는 세계에서 가장 큰 차 회사이기도 했다. 1972년에 립턴Lipton을, 1984년에는 영국에서 가장 큰 차 회사인 브룩본드Brooke Bond를 인수했다. 그 이후 현재까지 매출액 기준으로 전 세계 차 시장 점유율의 10~12퍼센트를 차지하는 세계 최대 차 회사였다. 립턴, 피지 팁스, 타조Tazo, T2, 푸카Pukka 등을 포함하여 우리에게 익숙한 차 브랜드들은 거의 다 유니레버가 소유하고 있었다고 보면 된다.

이 유니레버가 앞에서 언급한 브랜드를 포함하여 소유하고 있던 차 브랜드 대부분인 34개를 2022년 6월 30일 매각했다. 이것은 전 세계 차 업계에서는 하나의 사건이지만 한편으로는 지난 10여 년간 차를 마시는 스타일의 변화로 시장에서 누적되어온 압력에 따른 자연스런 결과이기도 하다. 나는 지난 몇 년간 강의나 글을 통해 지속적으로 홍차의 고급화와 다양화 추세를 강조해왔다. 유니레버의 차 사업 포기는 이 고급화와 다양화 추세를 드라마틱하게 반영하고 있다.

현재 우리나라 커피 시장은 세계적으로도 수준이 가장 높은 편이다. 세계 일류 커피 브랜드들은 거의 다 들어와 있다. 커피 음용자들 역시 커피의 맛과 향에 대해 다들 일가견이 있다. 하지만 10여 년 전만 하더라도 우리나라

커피시장은 믹스커피가 대세였다. 매우 짧은 시간에 커피 음용 방식이나 품질에서 큰 변화가 있었다.

홍차의 나라 영국은 1968년만 하더라도 티백 음용 비율이 3퍼센트에 불과했다. 하지만 티백의 장점을 알게되자 1970년대를 지나면서 티백 음용 비율은 95퍼센트 수준이 되어 최근까지 이를 유지했다(하루 100잔을 마시면 티백 형태로 95잔을 마신다는 뜻이다). 그리고 티백 당 가격도 매우 저렴했다. 이 티백을 우려낸 강한 홍차에 우유와 설탕을 넣어 달콤하게 마시는 것이 오랫동안 영국뿐만 아니라 유럽이나 미국 같은 선진국에서의 홍차 음용 표준방식이었다.

우리나라로 치면 믹스커피라고 보면 된다. 유니레버가 판매하는 차는 2/3 정도가 홍차였고 대부분 티백 형태였다. 그리고 앞에서 말한 것처럼 지난 50년 이상 홍차는 주로 티백 형태로 음용되었다. 즉, 유니레버가 돈을 벌수 있는 구조였다.

그런데 약 10년 전부터 음용 방식에 변화가 생기기 시작했다. 요인은 여러 가지다. 가장 큰 것은 건강에 대한 우려로 설탕과 우유를 넣지 않으려는 추세다. 설탕과 우유를 넣지 않고 마시려면 강하게 우러나는 티백은 적당하지 않다. 그러면서 홍차 본연의 맛과 향을 알 수 있는 고품질 홍차를 찾게 되었다. 동시에 설탕과 우유를 넣지 않고 마시는 다양한 종류의 차 특히 녹차, 우롱차 등에도 관심을 보이게 되었다. 카페인에 대한 부정적 인식으로 카페인 없는 허브 차에 대한 수요 역시 커지고 있다. 미국 등에서는 콤부차Kombucha 같은 새로운 스타일의 음료에 대한 관심도 증가하고 있다.

한 마디로 차Tea에 대한 소비자들의 취향이 다양해진 것이다. 티백은 소품종 대량생산 시스템이다. 이 티백으로는 변화하고 있는 소비자들의 취향을 따라잡을 수 없다.
유니레버가 지난 50년 이상 해온 사업방식엔 지극히 불리한 트렌드다.

그 동안 세계 차 시장은 유니레버, 타타그룹Tata Consumer Products Limited, 트와이닝Associated British Foods, 네슬레, 티바나(스타벅스) 등이 좌우했다. 이들은 인도, 스리랑카, 케냐 등에서 벌크 단위로 홍차를 값싸게 수입해 블렌딩, 패키징,

마케팅을 통해 이익을 남겼다. 이 회사들 역시 소비자들의 다양한 취향을 충족시키기에는 부족하다. 물론 이런 대기업들은 변화하는 추세를 따라잡기 위해 노력하고 있다. 분말 크기 찻잎이 들어 있는 사각형 티백을 홀 리프Whole Leaf 크기 찻잎이 들어 있는 플라스틱 재질의 삼각형, 사각형 고급 티백으로 대체하는 전략이다. 또한 홍차 이외에 녹차, 허브차 등 다양한 제품도 판매목록에 올리고 있다. 트와이닝, 아마드Ahmad Tea 등 주로 슈퍼마켓용 티백을 생산하던 회사들은 새롭게 고급 제품 라인을 출시하고 있다.

유니레버 역시 지난 10년간 고급화 노력을 해오긴 했다. 2013년 호주의 유명한 차 브랜드 T2를 인수했고, 스타벅스로부터는 타조를 사들였다.(2017년) 그리고 영국의 유기농 허브 차 회사인 푸카를 인수 합병했다.(2017년)

하지만 이에 못지않게 지난 20년간 아주 많은 프리미엄 차 브랜드들이 새롭게 생겨났다. 우리나라에도 잘 알려진 TWG(2008년), 스티븐 스미스 티 메이커Steven Smith Teamaker(2010년). 피 앤 티P&T(2012년), 데이비드티Davids Tea(2008년) 등을 포함하여 수많은 신생 브랜드가 있다. 리브랜딩을 통해 새롭게 단장한 영국, 프랑스 등의 오래된 브랜드도 많다.

여기에 더하여 고품질 틈새시장Niche Market을 겨냥한 소규모 프리미엄 차 회사들도 일일이 나열할 수 없을 정도로 많이 생겨났다. 인도의 티박스Teabox는 온라인으로만 판매하면서 신선한 홍차를 유통단계(유럽회사들)를 거치지 않고 직접 싸게 공급하는 전략으로 자리매김해 가고 있다. 나도 자주 이용하는데 가성비가 훌륭하다.

물론 유니레버가 차 사업 전체를 포기한 것은 아니다. 인도와 인도네시아, 네팔에 있는 회사와 펩시코PepsiCo와 합작하여 설립한 RTD(Ready-to-drink의 약자로 유리병이나 캔, 페트병에 들어있는 음료) 차를 생산하고 유통하는 회사는 매각하지 않았다. 이들 국가와 RTD 차 시장은 여전히 성장하고 있기 때문이다.

유니레버로 대표되던 소품종 대량생산 시스템의 효용성도 여전히 남아 있다. 개발도상국에서는 여전히 티백 제품에 대한 수요가 늘고 있기 때문이다. 하지만 소비자들의 취향이 다양한 차로 전환되고 있는 선진국에서는 지난 10년간 이익을 남기지 못했다.

유니레버로부터 34개 브랜드를 인수한 곳은 CVC Capital Partner라는 일종의 사모펀드다. 34개 브랜드를 (아마도 분리해서) 재매각할 가능성이 높다. 각 브랜드의 상황에 따라 적합한 전략을 선택하게 될 것이다

지난 10년간 우리나라 차 시장은 빠른 속도로 성장하고 있다. 더욱 고무적인 현상은 20~30대 젊은 세대가 차에 관심을 갖기 시작했다는 점이다. 이들 젊은 세대는 이전 그 어느 때보다도 고품질의 다양한 차를 선택하고 즐길 수 있는 환경에 있다.

2장

05 차는 정확히 어떤 음료인가

차茶, Tea는 카멜리아 시넨시스Camellia Sinensis라는 학명을 가진 차나무의 싹이나 잎으로 만든 것을 말한다. 다시 말하면 "차나무의 싹이나 잎"으로 만들지 않은 것은 엄밀한 의미에서 차가 아니다. 우리가 인삼차, 율무차, 보리차라고 부르는 것은 정확히는 차가 아니다. 우리나라에서는 따뜻하게 마시는 것을 대부분 차라고 부르는 경향이 있다. 심지어 커피를 지칭하면서도 입으로는 "차 한 잔 하자"라고 말하는 경우도 많다.

따라서 굳이 풀어 설명하면 인삼차는 인삼으로 만든 대용차, 율무차는 율무로 만든 대용차라는 의미를 가진다고 보면 된다.

허브차Herbal Tea도 마찬가지다. 허브차는 민트, 캐모마일, 루이보스 등 여러 가지 허브로 만든 차다. 차나무 잎은 포함되지 않았다. 따라서 허브차 역시 차가 아니다. 서양에서도 우리와 별반 다르지 않게 허브차Herbal Tea라고 부르지만 티젠Tiasne, 인퓨전Infusion이라는 별개의 정식 이름을 가지고 있고 또 많이들 사용한다.

진짜 차는 우리가 일상에서 흔히 접하는 녹차, 홍차 같은 것이다. 여기에 청차(우롱차), 흑차(보이차), 백차, 황차까지 더하여 차의 여섯 가지 종류, 즉 6대 다류로 일반적으로 분류한다. 이런 이름을 가진 차들만이 차나무의 싹이나 잎으로 만들어진다.

밀크티Milk Tea는 차에 속한다. 밀크티는 보통 진하게 우린 홍차에 우유와 설탕을 넣는다. 베이스가 차이니 굳이 따지자면 차다. 또 가향차라는 것도 있다. 앞에서 말한 6대 다류에 꽃이나 과일, 허브 같은 것의 조각이나 추출물로 맛과 향을 더한다. 이것 역시 차로 분류할 수 있다.

다시 말하면 진짜 차는 차나무의 싹이나 잎으로 만들었거나 이렇게 만든 찻잎에 다양한 성분을 넣어 블렌딩한 것을 말한다.

그렇다면 차나무의 싹이나 잎으로 만든 차는 언제부터 마셨을까? 일반적으로 차의 기원은 약 5000년 전 중국의 전설 속 황제인 신농神農에서 시작한다고 알려져 있다. 하지만 문헌 연구 자료들에 따르면 파촉 지방(지금의 윈난성, 쓰촨성 지역)에서 기원전 1066년경 처음 차나무를 재배했다. 이후 진시황의 진나라(기원전 221~기원전 206)가 이 지역을 정복한 후 중국 문화의 중심이라고 할 수 있는 중원에서 음용되기 시작했다. 따라서 진시황보다 앞선 시대를 산 공자(기원전 551~기원전 479)와 맹자(기원전 372~기원전 289)는 차라는 음료를 몰랐을 가능성이 아주 높다.

이후 당나라, 송나라, 명나라를 거치면서 차의 가공법과 음용법 등은 변화 발전해왔다. 6대 다류 중 오늘날 전 세계에서 가장 많이 마시는 건 홍차다. 녹차는 중국과 일본, 베트남, 인도네시아에서 주로 마시고 나머지 세계에서는

가지치기 한 차나무에서 힘차게 새잎이 돋아나고 있다.

홍차가 압도적이다. 하지만 홍차의 역사는 비교적 짧은 편이다. 다양한 설이 있지만 가장 설득력 있는 것은 명말청초(1640년대 전후) 중국 푸젠성 무이산에서 앞으로 홍차로 발전하게 될 차가 새롭게 만들어졌다는 내용이다.

이 무렵 유럽이 중국으로부터 처음으로 수입해가기 시작한 것은 녹차였다. 그런데 이 새로 만들어진 차가 유럽인의 취향에 더 맞았고, 중국인 차 생산자들 또한 이 차를 점점 더 유럽인의 취향에 맞게 발전시킨 것이 오늘날의 홍차다.

"홍차로 발전하게 될 차"라고 표현한 이유는 앞에서 언급한 것처럼 홍차가 어느 시기에 갑자기 등장한 것이 아니라 꽤 긴 시간을 통해 천천히 발전했기 때문이다. 홍차가 전 세계적으로 가장 많이 마시는 차가 된 시기는 영국이 1860년대부터 인도 아삼 지역에서 본격적으로 생산을 시작하고부터다. 이때부터 영국, 유럽을 중심으로 홍차가 빠른 속도로 확산되기 시작했다.

홍차는 생 찻잎을 산화시켜 만든다

차는 차나무의 싹이나 잎으로 만든다. 그러면 녹차는 녹차나무의 싹과 잎으로 만들고, 홍차는 홍차나무의 싹과 잎으로 만든 것일까? 흔히들 보성 녹차 밭, 하동 녹차 밭, 제주 녹차 밭이라는 말을 많이 사용하는데, 그러면 보성, 하동, 제주에서는 녹차만 생산하는 것일까?

녹차나무, 홍차나무는 따로 없다. 차나무는 카멜리아 시넨시스라는 학명을 가진 한 종류가 있을 뿐이다. 실제로 하동이나 보성, 제주에서도 녹차 만드는 차나무의 싹이나 잎으로 홍차도 생산하고 있다. 마찬가지로 인도나 스리랑카에서도 홍차를 생산하는 동일한 차나무로 녹차를 생산하고 있다.

다만 차나무는 한 종류이지만 품종은 다양하다. 그리고 품종이 다르면 같은 차나무일지라도 특성이 다르다. 같은 사과라도 홍옥, 홍로, 부사, 감홍 등 품종이 다르면 사과의 맛과 향이 다른 것과 같은 이치다. 또 사과 잼이나 사과 주스를 만드는 품종은 앞에서 언급한 우리가 알고 있는 품종 말고 더 적합한 다른 품종이 있을 수 있다.

따라서 어떤 품종의 차나무는 녹차를 만들었을 때 더 맛있고, 어떤 품종의 차나무는 홍차를 만들었을 때 더 맛있을 수 있다고 일반적으로 말할 수는 있다. 다시 말하면 우리나라

보성이나 하동에서 재배되는 차나무로는 녹차를 만들었을 때 더 맛있고, 인도나 스리랑카에서 재배되는 차나무는 홍차를 만들었을 때 더 맛있다고 말할 수는 있다는 의미다.

그렇지만 어떤 품종의 차나무든 모두 녹차와 홍차를 만들 수 있다. 봄에 하동에서 같은 차나무(혹은 차밭)의 찻잎을 채엽해서 하루는 녹차를 만들고 하루는 홍차를 만들 수 있다는 뜻이다. 그렇다면 같은 차나무의 싹이나 잎으로 어떻게 해서 찻잎의 외형도, 우린 찻물의 빛깔도, 맛도 향도 아주 다른 모습이 될까?

만드는 방법 즉 가공법이 다르다. 마치 똑같은 생닭을 삶으면 백숙이 되고 튀기면 치킨이 되는 것과 같은 이치다.

즉 녹차와 홍차는 가공법이 서로 다르다. 이 다른 점의 핵심이 산화라는 과정이다.

산소가 어느 물질(혹은 성분)과 결합하여 일으키는 반응을 산화酸化라고 한다. 사과(혹은 생감자)를 반으로 잘라놓은 후 일정 시간이 지나면 잘린 면이 갈색으로 변한다. 이것을 갈변현상이라고 부른다. 이 현상을 일으키는 것은 산소다. 따라서 갈변된 것을 산화되었다고 말할 수 있다. 하지만 모든 과일에 갈변 현상이 생기지는 않는다. 토마토에는 일어나지 않는다. 토마토와 사과의 차이는 잘린 면에 존재하는 효소다. 사과의 잘린 면에는 효소酵素가 있고 토마토에는 없다. 산소와의 접촉은 동일하지만 효소가 산화 속도를 촉진시키는 촉매 작용을 한다. 사과의 자른 면이 금세 갈변되는 것은 효소가 일으키는 산화 촉진 작용 때문이다.

살청과정을 통해 생 찻잎 속 효소가 불활성화된다.
중국과 한국은 주로 솥에서, 일본은 뜨거운 증기로 한다.

반면 "발효醱酵"에는 미생물이 개입한다. 콩을 된장으로 발효시키고, 포도를 와인으로 발효시키는 것은 미생물(효모)이다. 미생물은 살아 있는 생명체다. 다만 작아서 눈에 보이지 않을 뿐이다.

차에 있어서 가장 잘못 알려진 상식 중 하나가 홍차를 발효차라고 하고, 녹차는 불발효차라고 구분하는 것이다. 녹색의 생 찻잎이 짙은 적색의 (홍차) 찻잎으로 전환되는 과정에는 미생물이 전혀 개입하지 않는다.

생 찻잎 속에는 폴리페놀(카데킨)이 들어 있고 이것을 산화 촉진 시킬 수 있는 폴리페놀 산화효소도 들어 있다. 찻잎이 차나무에 매달려 있을 때는 세포막들에 의해 폴리페놀/폴리페놀 산화효소/산소가 분리되어 서로 접촉(혹은 반응)하지 못한다. 채엽된 후 찻잎이 건조해지면서 이 세포막들이 파괴되어 폴리페놀과 산소가 만난다. 여기에 폴리페놀 산화효소가 촉매 작용을 해서 찻잎이 갈변되는 현상 즉 산화가 일어난다. 유념이 이 과정을 더욱 촉진한다.

삶은 감자는 갈변하지 않는다. 이는 (단백질로 이루어진) 효소가 열에 약한 성질이라 삶는 동안 파괴되어 기능이 없어져버렸기 때문이다.

녹차는 찻잎을 뜨거운 솥에서 덖는 살청 과정을 거친다. 그러면서 찻잎 속에 든 효소가 기능이 없어지게 된다. 따라서 녹차는 완성된 후에도 그냥 녹색을 유지한다. 홍차는 이 살청 과정 없이 찻잎을 비벼서 상처를 내고(이를 유념이라 한다) 긴 테이블에 펼쳐놓으면 짙은 갈색으로 변한다. 마치 사과를 강판에 갈았을 때 갈색으로 변하는 것과 같다.

따라서 녹차와 홍차를 불발효차, 발효차로 구분하는 방식은 잘못된 것이고 굳이 구별하자면 비산화차, 산화차로 구분해야 한다. 다시 강조하지만 홍차는 찻잎을 산화시켜 만든다.

07 싹과 어린잎의 향이 더 우월한 이유

차는 찻잎 즉 차나무의 잎으로 만든다. 맞는 말이지만 여기서는 "싹이나 잎"으로 만든다는 사실을 좀 더 강조하고 싶다. 그 이유 또한 명확하다. 차를 만들 때 싹이 포함되었느냐 되지 않았느냐 여부가 차의 맛과 향 즉 품질에 큰 영향을 미치기 때문이다.

대부분의 상품이 그렇지만 같은 종류에도 비싼 게 있고 저렴한 것이 있다. 그렇다면 차는 어떤 게 비싸고 어떤 게 저렴한가.

대체로는 맛과 향이 좋은 차가 비싸고 그렇지 않은 차가 저렴하다. 하지만 맛과 향에 대한 판단은 다소 주관적이다.

객관적으로 볼 때 완성된 차에 싹과 어린잎이 많이 들어 있느냐 여부가 가격을 결정하는 경우가 많다. 그리고 대부분의 차는 싹과 어린잎이 많이 들어 있을 때 맛과 향이 좋아진다. 싹이 많이 들어 있으면 당연히 어린잎도 많을 수밖에 없다. 싹을 채엽하면서 함께 딸려오는 2번, 3번 잎도 어리기 때문이다.

그렇다면 홍차든, 녹차든 싹과 어린잎이 많으면 왜 맛과 향이 더 좋은가.

우리가 마시는 차는 찻잎을 우린 것이다. 마른 찻잎에 펄펄 끓인 뜨거운 물을 부으면 찻잎 속 성분들이 물속으로 추출되어 나온다. 티백 홍차를 우려보면 티백 속 찻잎에서 짙은 붉은 색 성분이 물속으로 뿜어져 나오는 모습을 어렵지 않게 볼 수 있다. 이렇게 찻잎 속 성분들이 추출되어 나온 액체가 차이고 따라서 이 차의 맛과 향을 좌우하는 요인은 추출되어 나온 성분들이다. 맛있는 차가 되려면 찻잎 속에 맛과 향을 좌우하는 좋은 성분들이 있어야 한다.

차의 맛과 향을 좌우하는 주요 성분들은 카페인, 폴리페놀(카데킨), 아미노산(테아닌), 당분 같은 것들이다. 이 성분들이 많이 들어 있고 또 잘 조화되어야만 맛과 향이 좋은 차가 된다.

다 자란 찻잎보다는 싹과 어린잎에 이 성분들이 가장 많이 들어 있다. 따라서 싹과 어린잎이 많이 포함된 차가 대체로 맛과 향이 더 좋고, 가격 또한 비싼 편이다. 그중에서도 특히 이른 봄의 싹과 어린잎으로 만든 차를 더 귀하게 여긴다. 다른 계절보다 이른 봄의 싹과 어린잎일수록 더 순도 높은 성분을 많이 포함하고 있기 때문이다.

이른 봄에 피는 하얀 목련꽃의 우아함은 누구나 좋아한다. 나무가 꽃을 피우는 데도 에너지가 필요하다. 그렇다면 이른 봄 아직 잎도 나지 않은 마른가지에서 이 하얀 목련꽃을 피어나게 하는 에너지는 언제 만들어졌을까? 바로 지난해 여름이다. 여름의 뜨거운 햇살 아래 목련나무 잎들은 열심히 광합성을 해서 그 에너지를 뿌리로 내려보낸다. 서정주의 “저기 저기 저, 가을 꽃자리 / 초록이 지쳐 단풍 드는데”라는 구절처럼 여름 내내 광합성을 하느라 지친 나뭇잎은 가을이

인도 다르질링, 3월 초가 되면 싹이 돋기 시작한다.

되면 낙엽이 되어 떨어지고 이 잎들이 만든 에너지는 뿌리에서 겨울을 보낸다. 그리고는 뿌리에서 겨울을 난 순도 높은 에너지가 이른 봄에 꽃을 피워낸다. 차나무도 마찬가지다.

이른 봄 새롭게 돋아나는 싹은 긴 겨울 동안 뿌리에서 농축된 성분을 에너지로 사용한다. 따라서 이른 봄 싹과 잎을 채엽해 만든 차가 맛과 향이 더 풍부한 것이다.

차는 찻잎 속 성분을 물로 추출해낸 것이다. 따라서 아무리 좋은 차라도 잘못 우리게 되면 맛없는 차가 된다. 그래서 잘 우려내는 방법 또한 매우 중요하다.

08 언제부터 차를 우려 마셨을까?

녹차, 홍차, 우롱차, 보이차를 포함한 대부분의 차는 우려 마신다. 마른 찻잎에 끓인 뜨거운 물을 부어 일정 시간을 보낸 후 우러난 찻물만 잔에 부어 마시는 방법이다. 하지만 역사적으로 차를 항상 우려서만 마시지는 않았다. 차를 준비하는 방법은 늘 변화해왔는데 가장 나중에 일반화된 것이 우려내는 방법이다.

영화 「적벽대전: 최후의 결전」에서 주유의 아내 소교는 동남풍이 불 때까지 조조가 전투에 나가지 못하게 하려고 차를 대접하면서 시간을 끄는 장면이 나온다. 여기서 소교는 차를 끓인다. 뚜껑 달린 큰 냄비 같은 용기에 가루 낸 찻잎을 넣고 끓인 후 큰 국자로 차를 떠서 주둥이가 넓은 잔에 따른다. 아마 찻잎 가루도 같이 마셨을 것이다. 영화의 배경이 되는 시기는 서기 약 200년 전후다.

이로부터 약 500년 후 당나라 시대에, 다성茶聖이라고도 불리는 육우陸羽(733~804)는 중국 최초 다서인 『다경茶經』을 저술한다. 『다경』에서 차는 끓여서 마신다. 또한 차 문화 초기에 차는 음료라기보다는 약의 기능을 했다고 알려져 있다. 육우 시절만 해도 찻잎뿐만 아니라 파, 생강, 대추, 귤껍질 등을 넣어 함께 끓이는 방법이었다. 이에 육우는 오직 찻잎만으로 끓여야만 진정한 차 맛을 알 수 있다면서 차

중국 명나라 때부터 우려 마시는 방법이 일반화되었다.

이외의 것을 일절 넣지 말자고 주장했다. 이렇게 차의 개념을 정리하면서 이 무렵부터 차를 순수한 음료로 즐기게 된다.

송나라의 방법은 전혀 다르다. 미세한 가루로 분쇄한 찻잎을 사발에 넣고 끓인 후 살짝 식힌 물을 붓고는 대나무로 만든 차 솔(다선茶筅)로 휘저어(격불擊拂) 거품을 내서 마셨다.

당나라, 송나라 시절 차의 주된 형태는 산차散茶(잎차)가 아니라 덩이차(병차餅茶/단차團茶)였다. 즉 뭉쳐진 찻잎 덩어리 형태로 되어 있었다. 물론 크기나 형태는 다양했다. 이 덩이차 일부를 아주 미세하게 가루 내어 당나라 때는 물에 넣어 끓였고 송나라 때는 물을 부어 휘저었다. 가루형태로 분쇄한 녹차를 휘저어 거품 내어 마시는 일본 맛차抹茶의 기원이 바로 송나라 방식이다. 물론 현재의 일본 맛차는 분쇄한 찻잎을 휘저어 마시는 방법만 같고 차 형태나 종류는 송나라 때와는 전혀 다르다. 일본은 이 방식을 자신들의 독특한 문화인 다도茶道로 발전시켰다.

명나라 때가 되어서야 오늘날의 우려 마시는 법이 일반화되었다. 그 배경에는 차의 형태가 바뀌는 큰 변화가 있었다. 당, 송(원나라도 물론)을 계승한 명나라 초기에도 주된 차 형태는 여전히 덩이차였다. 이 덩이차는 일반 백성의 많은 피와 땀이 필요한 귀한 것이었다. 당연히 귀족들만의 문화였다. 이것을 못 마땅히 여긴 명 태조가 덩이차 생산을 중단시키고 오늘날 우리에게 익숙한 산차(잎차)를 우려 마시도록 지시했다. 이전부터 서민층에서는 잎차 우려 마시는 문화가 있었다. 이것이 명나라 때부터는 귀족들을 포함한 전 계층으로 확산되었다.

명나라 말기인 1600년대 초반 차가 유럽에 처음 소개되었다. 이때 중국에서 가장 일반적인 산차 형태로 된 녹차와 함께 우려마시는 방법이 전해졌다. 그리고 이후 우려 마시는 방법이 동서양을 막론하고 가장 일반적인 음용법이 되었다.

하지만 지금도 차를 반드시 우려서만 마시지는 않는다. 일본의 맛차처럼 휘저어서 찻잎 가루와 함께 다 마시기도 하고, 밀크티는 홍차를 끓인다. 물이나 혹은 우유에 찻잎을 넣고 끓여 아주 진하게 우러나게 한 후 설탕을 넣는다. 이를 그냥 진하게 우려 설탕과 우유를 넣는 영국식 밀크티와 구별하여 로열 밀크티Royal Milk Tea라고 부르기도 한다. 1960년대 일본에서 개발된 방법이다.

아무래도 차 본연의 맛과 향을 즐기기 위해서는 우려내는 방법이 가장 좋다. 따라서 차 종류 마다 우려내는 방법 또한 아주 다양하다. 물 온도도 다르고, 서양식으로 한 번만 우려내는 방법, 녹차처럼 작은 티포트에 짧게 반복해서 우려내는 방법 등. 또 차 종류에 따라서 도구도 다양하다. 차의 세계는 넓고도 깊다.

09 홍차 맛있게 우려내는 법

한때 홍차는 "떫다"라는 부정적인 생각이 지배적이었다. 하지만 잘 우려낸 홍차는 떫지 않다. 잘못 우렸기 때문에 떫다고 느껴진 것이다. 좋은 홍차를 잘 우려내야 하는 건 당연한 일이고, 일반 티백 홍차도 잘만 우려내면 떫지 않고 맛있다.

"잘 우려낸다"라는 말은 마른 찻잎 속 맛과 향을 이루는 성분들을 뜨거운 물속으로 잘 추출해낸다는 뜻이다. 그에 필요한 것이 물의 온도, 우려내는 시간, 물과 찻잎 양의 적절한 비율 세 가지다.

일단 물 400밀리리터를 기준으로 홍차의 적정량은 약 2그램이다. 그리고 3분 동안 우려낸다. 아주 펄펄 끓인 물이어야 한다. 티포트는 미리 예열해두면 더 좋다.

물의 양이 바뀌면 이 비율대로 찻잎의 양도 바뀌면 되나 우려내는 시간은 그대로다.

400밀리리터에 2그램이 가장 맛있다는 의미가 아니다. 홍차를 선물 받거나 새로 구입한 후 어떻게 우려야 될지 모를 때 첫 시도를 이렇게 하라는 뜻이다. 이 비율이 입맛에 맞으면 계속 이렇게 하면 되고 맛이 좀 약하면 늘리고 강하면 줄이는 식으로 조절하면 된다.(약할 가능성이 높다.)

시간은 일단 3분이지만, 모든 홍차를 3분에 우리지는

차를 우리는 방법은 우선은 과학이다. 그 다음이 자신의 감각이다.

않는다. 2분일 수도 5분일 수도 있다. 시간을 결정하는 가장 중요한 요소는 찻잎 크기다. 찻잎이 크면 오래 우려도 된다. 초심자들은 크고 작은 기준을 잡기 어렵기 때문에 일단은 3분을 추천한다. 아주 작은 입자로 부숴져 있는 4각형 티백은 2분 정도가 적당하다.

물 온도도 매우 중요하다. 산화시킨 홍차는 펄펄 끓인 아주 뜨거운 물에 우려야 한다. 그래야만 찻잎 속 성분이 잘 추출된다. 정수기 온수 정도의 온도로는 홍차를 맛있게 우릴 수 없다.

티백을 찻잔에 직접 우리는 경우가 많은데 이렇게는 결코 맛있는 홍차가 될 수 없다. 일반 찻잔은 용량이 150~200밀리리터에 불과해 너무 작다. 400밀리리터 정도는 되는 아주 큰 머그잔에 우려야 하며 이 경우에도 2분 동안 뚜껑 같은 것을 덮어두는 것이 좋다. 열 손실을 막기 위함이다.

우리는 물도 중요하다. 경수(센물)보다는 연수(단물)가 좋다. 일반적으로 정수기를 거친 수돗물은 차를 우리기에 좋은 편이다. 생수를 사용해야 할 경우는 모든 생수통에 붙어 있는 '무기질 함량 표'에서 마그네슘과 칼슘 양만 참고하면 된다. 이 두 가지 숫자의 높고 낮음이 경수, 연수를 판단하는 기준이 된다. 낮을수록 좋다. 가장 맛있게 우려지는 생수의 이들 숫자는 각각 5~6 수준을 넘지 않는다.

여기까지가 홍차를 맛있게 우려내는 과학의 영역이다. 즉 이 기준에 따르면 어느 정도 수준이상의 맛을 낼 수 있다.

나머지는 정성이다. 차를 우려내는 3~5분 동안 티포트를 서너 번 흔들어준다든지, 우려지는 찻잎의 모습에 관심을 보인다든지 하는 감성의 영역이다. 의무적인 행위와 진심으로 누군가를 위해 하는 행위가 같을 수는 없다. 차의 맛과 향도 마찬가지로 같을 수 없다.

홍차는 기호음료이고 사람마다 기호가 다르기 때문에 모든 사람의 입맛을 만족시키는 소위 '골든 룰'은 없다. 게다가 홍차 종류에 따라서 특징도 다르다. 여기서 제안한 방법은 다양한 차를 많이 마셔본 경험자의 '가이드라인'이라고 여기면 된다. 결국엔 다양한 차를 다양한 방법으로 많이 우려보면서 자신만의 맛을 찾는 것이 중요하다.

10 왜 녹차는 여러 번, 홍차는 한 번 우릴까?

"녹차는 여러 번 우려내는데, 홍차는 왜 한 번만 우리나요?" 일반인들을 위한 외부 강의에서 내가 가장 많이 받는 질문 중 하나다.

녹차 가공에는 여러 과정이 있고, 홍차 가공도 마찬가지다. 어떤 것은 녹차에만 있고 어떤 것은 홍차에만 있는 것도 있다. 이중 홍차와 녹차 가공에 공통적으로 있는 과정이 유념揉捻이다. 유념은 우리말로 '비비기'다. 차나무에 매달려 있는 찻잎은 타원형으로 생긴 그냥 '나뭇잎'이다. 하지만 우리가 구입한 잎차의 찻잎은 약간 비틀린 듯 굽어진 두꺼운 철사처럼 생겼다. 타원형 찻잎이 이런 구불구불한 모양으로 변화하는 것은 유념 과정 때문이다.

온전한 형태의 찻잎을 바닥이 거친 평상 같은 데에 놓고 손으로 주무르면서 비벼서 형태를 잡아주는 동작이다. 이렇게 하여 찻잎 부피도 줄이고 찻잎에 상처를 내서 나중에 잘 우러나게 하는 것이 비비기의 목적이다.

이 비비기를 길게 그리고 강하게 하면 찻잎에 상처가 많이 난다. 그리고 찻잎도 부서져 점점 더 작아진다. 반면에 짧거나 부드럽게 하면 찻잎에 상처가 적고 찻잎이 비교적 큰 상태로 유지된다. 비비기의 목적 중 하나가 찻잎에 상처를 내서 잘 우러나게 하는 것이라면 상처가 많거나 찻잎이 작으면 빨리

싹과 어린잎으로 만드는 녹차는 유념을 부드럽게 해
찻잎에 상처가 없고 거의 온전한 형태를 유지한다.

우러나고, 상처가 적거나 찻잎이 크면 천천히 우러나는 것은 물리적으로 당연한 현상이다.

아주 대략적으로 보면 녹차는 대체로 비비기를 부드럽게 하는 편이고 홍차는 대체로 강하게 하는 편이다. 2리터들이 생수통에 못으로 10개의 구멍을 낼 때와 50개를 낼 때 물이 빠지는 속도가 어느 것이 더 빠를까? 녹차는 대체로 구멍을 10개 내고, 홍차는 50개를 낸다고 보면 된다.

따라서 찻잎이 작고 상처가 많은 홍차는 3분 정도 길이로 한 번만 우려도 찻잎에 들어 있는 모든 성분이 다 빠져나온다.

반면에 찻잎이 크고 상처가 적은 녹차는 찻잎 속 성분이 천천히 우러난다. 여러 번 반복해서 우려도 될 정도로.

또 하나 중요한 점은 우려내는 방법에 있다. 바로 앞에서도 400밀리리터의 물에 홍차 2~3그램을 넣고 3분 동안 우려내는 방법을 출발점으로 제시했다. 이렇게 한 번 우리고 난 후 홍차 찻잎은 버린다.

녹차의 경우에는 앞 홍차 기준과 비교하자면 대개는 찻잎 양은 더 많고 물 양은 더 적다. 게다가 매번 우려내는 시간도 더 짧다.

즉 홍차 5그램을 800밀리리터 물에 3분 동안 한 번만 우려낸다면, 녹차는 5그램을 200밀리리터 물에 40~50초씩 네 번 우려낸다고 보면 된다. 결국 찻잎 양과 우려낸 차의 양, 우려낸 시간 합계는 녹차든 홍차든 비슷하다. 물론 이는 이해를 돕기 위해 내가 만들어낸 상황이다. 하지만 크게 보면 이 범위를 벗어나지 않는다.

그렇다면 홍차 중에서도 녹차 가공법처럼 부드럽게 유념해 찻잎이 크고 상처가 적다면 녹차처럼 우려도 될까? 물론이다.

최근 들어 인도 다르질링 등에서는 싹과 어린잎 위주로 만든 아주 고급(비싼) 홍차들이 생산된다. 연약한 싹과 어린잎으로 만드는 고급 홍차 가공 과정에서 비비기를 강하게 할 리가 없다. 따라서 찻잎 모양도 거의 온전한 형태를 유지하는 경우가 많다. 이런 홍차는 두 번 우려낸다. 한번 우리고 버리기에는 너무 아깝고 두 번 우려도 첫 번째만큼은 못하지만 어느 정도는 즐길 수 있는 맛이 나온다(두번째

차를 우리는 방법은 개인의 취향이다. 정답이 없다.

찻물을 여름철 차갑게 마시면 최고의 아이스티다). 만일 이런 홍차를 녹차 방식으로 우린다면 3~4번 우려도 될 것이다.

반대로 아주 작게 분쇄한 입자로 만드는 티백 녹차는 비록 녹차라 하더라도 한 번만 우리면 충분하다.

차를 우려내는 방식에는 물리적이고 과학적인 요소 말고도 문화적인 요소도 영향을 미친다.

영국을 포함한 유럽에서는 홍차에 우유와 설탕을 넣는다. 그리고 식사 시간처럼 많은 가족이 모이거나 여러 사람이 모인 자리에서 주로 차를 마셨다. 찻잔 크기도 대형이었다. 따라서 한 번에 많이 우려낼 필요가 있었다. 반면 동양권에서 차는 철저히 기호음료였다. 그리고 차의 맛과 향을 제대로 즐기기 위해서는 함께 마시는 사람 수가 적을수록 좋다고 여겼다(실제로 그렇다). 혹은 혼자서 사색하며 천천히 음미했다. 찻잔도 아주 작았다. 따라놓으면 금방 식어버리는 차를 한꺼번에 많이 우려낼 필요가 없었다.

또한 차 종류에 따라서 추구하는 맛과 향도 차이가 있다. 우롱차 같은 경우는 향을 매우 중시하고 이를 위해 우리는 방법도 아주 발달되어 있다. 뿐만 아니라 우려내는 도구인 자사호나 개완 크기도 다양하여 상황에 맞게 선택한다. 예를 들어 봉황단총 생산지로 잘 알려진 광둥성 차오저우潮州 지역은 차 우리는 방법이 매우 까다로운 것으로 유명하다. 50~100밀리미터 크기의 작은 개완에 다소 많은 양의 찻잎을 넣고 뜨거운 물로 아주 짧게 우려낸다. 다양하고 강한 향이 특징인 봉황단총의 농축된 맛과 향을 즐기기에 좋은 방법이다. 대신 여러 번 반복해서 우려낸다.

그럼에도 문화보다는 자신의 취향이 더 중요하다. 내가 차를 마실 때 중요하게 여기는 것은 편리함과 간편함이다. 따라서 찻잎의 물리적 특성만 이해한다면 녹차를 홍차 방식으로 우리든 홍차를 녹차 방식으로 우리든 그것은 개인의 선택일 뿐이다.

11 홍차는 어떻게 탄생했는가

"중국에서 영국으로 가는 배에 실린 녹차가 덥고 습한 적도 부근을 지나면서 발효되어 홍차가 되었다."

우리나라에 널리 알려진 홍차 탄생에 관한 전설이다. 어떤 경로를 통해 이 이야기가 이처럼 널리 알려지게 되었는지는 잘 모른다. 아흔이 넘은 어르신도 젊었을 때 들었다고 하시는 걸로 봐서는 상당히 오래전부터 회자한 것으로 보인다. 아마도 일제강점기 때 일본인들부터 전해진 이야기로 추측된다.

하지만 이는 사실이 아니고 말 그대로 전설이다. 홍차는 찻잎을 (효소로) 산화시켜 만든 산화차다. 찻잎을 고온의 솥에서 덖거나 증기로 찌는 살청 과정을 통해 (산화에 꼭 필요한) 효소를 불활성화시켜서 만든 것이 녹차다. 비산화차인 녹차를 아무리 덥고 습한 데 두어도 홍차가 되지 않는다.

반면 크게 보면 녹차라고 분류할 수 있는 차를 발효시켜 만든 차도 있는데 이것이 흑차黑茶다. 따라서 위 전설에서 차라리 녹차가 발효되어 흑차가 되었다고 하면 비록 현실성은 전혀 없지만 논리적인 가능성은 있을 수도 있다. 하지만 홍차가 될 수는 없다.

그럼에도 중요한 것은 이 전설에도 어느 정도 진실이

포함되어 있다는 점이다. 이 세상에 있는 진짜 차는 녹차, 홍차, 청차(우롱차), 흑차(보이차), 백차, 황차 이렇게 여섯 가지로 분류된다. 그리고 이들 차 모두는 중국에서 탄생했다. 그렇게 알려져 있고 대체로는 맞는 말이다. 하지만 홍차는 어떻게 보면 다른 차들과는 달리 중국에서 탄생했다는 주장이 100퍼센트 맞지 않을 수도 있다.

앞에서 언급된 전설도 자세히 분석해보면 중국이 아닌 (당시 항로에 근거해 보건대 아마도 인도양의) 적도 근처 어딘가에서 녹차가 홍차로 변했다고 되어 있다. 즉 홍차가 중국에서 만들어지지 않았다는 내용을 함축하고 있다.

우선 어떻게 해서 녹차가 중국에서 유럽으로 가게 되었는지 그 역사적 배경을 알아보자.

태조 이성계가 조선을 건국한 해가 1392년이다. 이 무렵 인도와 유럽은 이미 오랫동안 무역을 해오고 있었다. 1400년 무렵 인도와 유럽 간의 무역로는 홍해나 페르시아만을 거쳐 지중해 동부를 지나는 루트였다. 즉 아프리카 희망봉을 지나는 바닷길이 발견되기 전이었다. 따라서 유럽과 인도(그리고 동아시아)는 바닷길로는 직접 연결되지 않고 있었다. 이 당시 인도-유럽 간 무역의 가장 중요한 품목이 후추와 향신료였다. 당시 유럽에서 향신료는 귀족들의 사치품으로 같은 무게의 금만큼 비쌌다. 1400년 무렵, 무역로에 있는 지중해 동부에서 이슬람 세력(오스만튀르크)이 강대해지면서 무역이 방해받게 되었다. 그러지 않아도 비싼

티 클리퍼Tea Clipper 등장 이전 차를 운반한 영국 동인도회사의 선박 형태.
이스트 인디아맨East Indiaman이라 불렸다.

향신료가 이로 인해 더 비싸지자, 유럽인들은 인도로 가는 바닷길을 본격적으로 찾기 시작했다. 콜럼버스의 항해 목적도 향신료의 땅 인도로 가기 위함이었고 뜻밖에 발견하게 된 곳이 신대륙(아메리카)이었다.

1497년 포르투갈을 출발한 바스코 다 가마는 1498년에 인도 캘리컷(지금의 코지코드)에 도착하면서 희망봉을 돌아 인도에 온 첫 번째 유럽인이 된다. 인도로 가는 항로를 찾기 시작한 지 거의 100년만이었다. 이후 포르투갈은 점점 동쪽으로 진출해 향신료 섬이라고 알려진 인도네시아 몰루카 제도를 거쳐 역사가 말해주듯이 1543년 일본 나가사키까지 이른다. 이렇게 하여 포르투갈은 1500년대 거의 100년 동안 향신료를 포함한 아시아 무역을 독점하면서 부를 쌓게 된다.

1600년대가 되면서 포르투갈을 이어서 아시아 바다를 지배하게 되는 나라는 네덜란드다. 그리고 유럽의 차 역사는 네덜란드로부터 시작된다. 기록에 따르면 1610년 처음으로 네덜란드가 차를 유럽에 가져간다. 이후 1639년경 프랑스에, 1657년경 영국에 전해진다. 네덜란드가 처음 가져간 차는 녹차였다. 이 무렵 중국에는 녹차가 주류였다. 우롱차, 홍차는 아직 등장하기 전이었다.

녹차가 처음 유럽으로 전해진 후 30~40년이 경과한 소위 명말청초明末清初라고 부르는 1640년대 전후 타이완 건너편에 있는 푸젠성 무이산에서 부분산화차가 탄생하게 되었다(이와 관련해서도 또 하나의 홍차 탄생 전설이 있다). 이 새로운 종류의 차도 유럽으로 가져갔다. 일반적으로 대부분의 차는 시간이 지나면서 맛과 향의 수준이 떨어지지만 산화가 많이 된 차일수록 그 속도는 느리다. 이것이 차에 있어 중요한 산화의 속성이다. 17세기 당시 중국에서 유럽까지는 배로 1년 이상 걸리는 먼 거리였다.

녹차는 이론적으로 산화도가 0퍼센트인 비산화차다. 홍차는 이론적으로는 산화도가 100퍼센트인 완전산화차다. 우롱차는 부분산화차로 산화도가 10~15퍼센트에서 70~80퍼센트까지 이른다. 여기서 숫자는 이해를 돕기 위한 것이니 크게 의미를 둘 필요는 없다.

그렇다면 유럽인(혹은 영국인) 입장에서는 산화되지 않은 녹차보다는 어느 정도 산화된 부분산화차가 더 좋았을 것이다. 자연스럽게 유럽 소비자들이 부분산화차를 더 선호하게 되었고 수입하는 사람들도 중국인들에게 녹차보다 부분산화차를 더 요구하게 되었다. 산화의 속성을 알고 있던 중국 생산자들은 유럽인들 입맛에 맞추기 위해 산화 정도를 점점 더 높였고 결국 100퍼센트 산화시킨 홍차가 만들어졌다고 보는 것이 차 연구자들의 일반적 견해다.

따라서 유럽인들이 홍차라고 마셨던 것이 오늘날 분류 관점에서 보면 상당 기간 부분산화차였을 가능성이 높다.

이렇게 보면 완전산화차라는 의미에서의 홍차는 유럽인들 요구에 맞추기 위해 중국인들이 점점 더 발전시킨 것이 된다. 비록 부분산화차를 처음 만든 곳은 중국이지만 오늘날의 홍차로 완성시켜가는 데는 유럽인들의 역할도 컸다는 것을 알 수 있다. 더욱이 이 당시 중국인은 녹차를 주로 마셨고 산화된 차는 그렇게 선호하지 않았다.

학자들에 따르면 모든 신화와 전설은 완전 허구라기보다는 어떤 상징성을 가지고 있다고 한다. 이 관점에서 보면 홍차가 탄생한 곳이 중국도 아니고 유럽도 아니고 그 중간쯤 되는 인도양의 바다라는 앞의 전설이 상당한 의미를 갖게 된다. 중국과 유럽의 합작이라는 상징적 의미에서다.

여기서 더 나아가 100퍼센트 산화시킨 완전산화차라는 의미에서의 홍차는 중국이 아닌 인도 아삼에서 처음 만들어졌다고 주장하는 의견도 있다. 차 가공 과정에서는 살청이 매우 중요한 역할을 한다. 녹차는 가공 과정 초기에 살청이 있고, 부분산화차(우롱차)는 중간쯤에 있다. 홍차는 살청 과정이 아예 없다. 과거 중국에서 홍차라고 생산한 것은(아무리 산화도가 높다 하더라도) 가공 과정에 살청이 있었던 것으로 알려져 있다. 바로 앞에서 언급한 유럽인들이 홍차라고 마셨던 것이 산화를 많이 시킨 부분산화차였을 것으로 추측하는 근거가 이것이다.

반면, 아예 살청 과정이 없는 홍차는 1860년대 전후 인도 아삼에서 영국인들이 본격적으로 생산하면서 만들어졌다는 연구 결과도 있다. 앞 주장은 여기에 근거를 두고 있다.

차에 있어서는 진실도 중요하지만 전설도 중요하다. 더구나 진실이 불확실할 때는 전설이 더욱 중요해질 수 있다. 홍차가 인도양 한가운데서 탄생했다는 전설은 아마도 100년 후에도 남아 있을 것이다.

12 홍차 뒤에 숨어 있는 슬픔의 향기

차茶는 차나무의 싹이나 잎으로 만든다. 따라서 차를 만들기 위해서는 우선 차나무에서 찻잎을 따야 한다. 이것을 채엽採葉이라고 한다.

처음에는 당연히 사람이 찻잎을 땄다. 하기야 중국에서는 한때 사람이 접근하기 힘든 곳에서 자라는 차나무의 잎을 원숭이를 훈련시켜 따게 해서 만든 차가 있다고 허풍을 치기도 했다.

지금은 기계로 채엽하는 경우도 많다. 우리나라를 포함한 대부분의 차 생산국에서 어느 정도는 기계 채엽이 도입되어 있다.

기계 채엽 비중이 아주 높은 나라는 일본과 아르헨티나다. 두 나라에서는 거의 대부분의 차가 기계 채엽한 찻잎으로 만들어진다. 아르헨티나는 차 생산량이 세계 10위 수준이며 주로 홍차를 생산한다. 기계 채엽 등의 영향으로 품질이 좋은 편은 아니다. 일반적으로 기계로 채엽한 것보다는 손으로 딴 찻잎으로 만든 차의 품질이 더 높다.

일손 부족과 높은 인건비로 오래전부터 기계 채엽으로 전환해 관련 기술이 가장 발달한 일본조차도 양이 많지는 않지만 아주 고급 차는 여전히 사람이 딴다.

이 두 나라를 제외하면 세계에서 차를 가장 많이

생산하는 중국, 인도, 케냐, 스리랑카를 비롯한 대부분의 차 생산국에서는 여전히 사람이 채엽하는 비중이 압도적이다. 다시 말하면 전 세계에서 생산되는 차 대부분은 손으로 채엽된다고 보면 된다. 차를 생산하는 국가들의 경제력이나 고용 현황 등을 감안하면 납득이 되기도 한다. 하지만 최근 들어 이들 차 생산국에서도 기계 채엽이 대안으로 주목받고 있다. 경제, 사회적 환경이 변하면서 찻잎 따는 데 필요한 노동력이 부족해지기 때문이다.

차 생산에서는 일반적으로 인건비가 차지하는 비중이 가장 높은 편이다. 특히 찻잎을 따는 티 플러커Tea Plucker의 인건비가 가장 큰 부분을 차지한다. 스리랑카 기준으로 볼 때 다원 노동력의 70퍼센트가 채엽에 필요하며 완성된 차 생산비 중 40퍼센트가 티 플러커 인건비다. 그리고 이런 현실은 다른 차 생산국도 마찬가지다. 하지만 생산비에서 티 플러커의 인건비가 차지하는 비중이 높다고 해서 티 플러커 개인의 급료가 높은 것은 아니다.

인도는 다원 노동자들의 급료가 정부와의 협의로 결정되는데 2022년 기준 다르질링 지역은 티 플러커 일당이 232루피(약 3700원)이다. 물론 현금 말고 다원 노동에 필수적인 소모품들과 땔감, 식량 등 현물로 받는 것도 있다. 이들을 돈으로 환산하면 일인당 약 350루피(약 5600원) 정도다. 다 합하면 일인당 일당이 약 582루피(약 9300원) 전후라는 뜻이다. 여기에 거주지를 포함하여 전기료, 병원비, 학비

스리랑카 딤불라 지역. 티 플러커들의 식사 모습.

등이 다 무료이긴 하다. 그럼에도 결코 큰 금액이 아닌 것은 분명하다. 아삼도 비슷한 수준이다.

인건비가 이렇게 낮은 이유는 차 생산국의 경제력 영향도 있지만 차 가격이 낮기 때문이기도 하다. 2019년 기준 티 옥션Tea Auction에서 거래된 아삼 홍차의 90퍼센트 이상이 킬로그램당 2.5달러(약 2900원)가 채 되지 않는다. 케냐 홍차도 비슷한 수준이다. 극히 일부이긴 하지만 아주 고품질일 경우 아삼 홍차라도 킬로그램당 700달러, 1000달러에 판매되는 것도 있긴 하다.

이런 상황에서 차 생산국 어느 나라 할 것 없이 찻잎

따는 일을 하려는 노동자가 줄어들고 있다. 차 생산국들도 과거에 비해서 경제가 발전하면서 조금 더 나은 급료를 주는 일자리들이 생겨나기 때문이다. 사실 이보다도 더 중요한 이유는 찻잎 따는 사람들에 대한 사회의 차별적 시선이다. 다르질링, 아삼, 스리랑카 할 것 없이 티 플러커들은 역사적, 인종적, 종교적 이유 등으로 오랫동안 차별 받아온 사회적 약자였다. 이로 인해 조금의 기회라도 있으면 특히 젊은이들은 필사적으로 다른 일을 찾는다.

찻잎 따려는 사람은 줄어들고 임금 인상은 쉽지 않은 상황에서 다원들은 대안으로 기계 채엽 도입을 추진하고 있다.

이런 상황을 먼저 겪은 일본 같은 경우는 아주 오래전부터 전면 기계 채엽으로 전환했고 급속한 경제 발전으로 1인당 임금이 오르고 있는 중국에서도 기계 채엽으로의 전환이 진행되고 있다.

유니레버, 제임스 핀레이James Finlay 같은 대규모 다국적 기업들이 다원을 운영하는 케냐에서도 기계 채엽 도입을 적극적으로 시도하고 있다. 케냐의 다원은 고지대에 위치하지만 평원지역이라 기계화에도 매우 유리한 편이다. 반면 기계 도입으로 인해 일자리가 없어질 것을 우려한 다원 노동자들은 파업까지 불사하면서 반대를 하고 있다.

차 관련 전문가들은 차 생산국의 상황에 따라 정도 차이는 있겠지만 채엽 단계에서 기계화로의 진행은 불가피하다고 본다. 하지만 전환 속도는 아주 느릴 수밖에 없다.

마른 찻잎 100그램을 만들기 위해서는 생 찻잎 약 500그램이 필요하다. 지금 마시는 한 잔의 차는 찻잎을 따는 누군가의 손끝에서 시작된 것이다. 한 잔의 차가 감사한 이유다.

3장

13 홍차의 맛과 향의 다양성은 어디서 오는가?

내 강의실 한쪽 벽면은 수백 가지 홍차로 진열되어 있다. 이렇게 많은 이유는 이들 각각의 맛과 향이 다르기 때문이다. 차나무 싹과 잎으로만 만드는 차가, 그것도 기본적으로는 동일한 가공법으로 만드는 홍차가 어떻게 수백 가지의 맛과 향을 낼 수 있을까?

차나무는 찻잎 크기에 따라 대엽종과 소엽종으로 나눈다. 대엽종은 말 그대로 잎이 크고, 소엽종은 잎이 작다. 잎이 큰 대엽종은 차나무 키도 커서 다 자라면 10~15미터정도다.

포트넘앤메이슨이 판매하는 다양한 홍차.

숲속에 있으면 일반 나무와 구별이 안 된다. 소엽종은 다 자라도 2미터 전후에 불과하다. 하지만 차를 생산하는 대부분의 국가나 지역에서는 이 차나무를 사람 허리 정도 높이로 가지치기한다. 채엽을 편리하게 하고 차를 만들 때 필요한 새로 올라오는 어린잎 양을 늘리기 위해서다. 따라서 재배되는 차나무 외형만 보고는 대엽종인지 소엽종인지 언뜻 구별이 안 되는 경우가 많다.

차나무의 공통된 특징 중 하나가 추위가 약한 것이다. 우리나라도 보성, 하동, 제주, 김해 등 남부 지방에서 주로 재배된다(기후 온난화로 재배 지역이 북상하고 있기는 하다). 그나마 소엽종이 대엽종보다는 추위에 강한 편에 속한다. 따라서 우리나라에서 재배되는 차나무는 모두 소엽종이다. 대엽종은 추위에 더 약해 한국에서는 아예 자랄 수 없다. 중국 남부, 타이완, 인도, 스리랑카, 케냐 같은 곳에서나 자랄 수 있다. 따라서 홍차 생산국으로 유명한 인도, 스리랑카, 케냐 같은 국가들에서 재배되는 차나무는 이 지역의 무더운 기후에 적합한 대엽종 위주다. 물론 인도 다르질링처럼 고도가 높고 기온이 상대적으로 낮은 차 생산지는 소엽종이 재배되기도 한다.

그리고 이들 나라에서 재배되고 있는 차나무 대부분은 같은 대엽종이라 할지라도 품종이 아주 다양하다. 이건 소엽종으로 녹차를 주로 생산하는 중국, 일본이나 우리나라도 같은 상황이다. 이 품종 대부분은 인간이 여러 차나무 간의 교배를 통해 개량한 새로운 품종들이다.

인도 남부 닐기리의 광활한 차 밭. 평균 고도가 1700미터다.

차나무만 그런 것이 아니고 쌀과 같은 농산물, 사과, 오렌지 같은 과일도 거의 다 새롭게 만들어낸 품종이다. 그리고 지금도 여전히 맛이나 생산량 혹은 해충에 대한 저항력 등이 개선된 새로운 품종이 끊임없이 만들어지고 있다.

인도, 스리랑카, 중국 같은 국가들에는 차 연구소가 있고 이곳에서는 지금도 끊임없이 새로운 품종들을 만들어내고 있다.

앞에서 설명한 내용을 요약하면 같은 홍차를 만들더라도 차나무 품종이 다르다는 것이다. 인도, 스리랑카, 케냐 등 국가별로도 혹은 아삼, 다르질링, 우바, 딤불라 등 지역별로도 더 적합한 품종이 있을 수 있고, 다르질링 87개 다원들도 다원에 따라 선호하는 품종이 다를 수 있다. 따라서 홍차의 맛과 향이 다양한 첫 번째 이유는 이렇게 홍차를 만드는 차나무 품종의 다양성에서 온다.

두 번째는 차나무가 재배되는 지역의 기후나 자연환경 즉 테루아Terroir 영향이다. 토양, 강수량, 일조량, 고도, 바람, 기온 같이 과일이나 식물이 자라는 데 영향을 주는 요소 등을 통칭해 테루아라고 한다. 히말라야 산맥 중턱에 위치하며 가끔씩 눈도 오는 겨울이 있는 다르질링 지역에서는 차나무가 마치 설악산 같이 험한 산의 경사진 등성이를 따라 500~2000미터 고도에서 재배된다. 날씨 변화도 심하고 일교차도 크다. 반면에 밀림을 개척한 넓은 평원지역도 있다. 세계에서 비가 가장 많이 와서 습하고 무더운 아삼이다.

물론 앞에서 언급한 것처럼 지역마다 환경에 적합한 품종을 선택해서 재배한다. 설사 같은 품종 차나무라 하더라도 다른 테루아 영향 아래에서는 전혀 다른 특징을 가진 찻잎을 생산할 수밖에 없다. 우리나라의 보성녹차와 하동녹차도 맛과 향이 다른데, 전 세계 수많은 생산지에서 만들어진 홍차의 맛과 향이 다른 것은 당연하다.

맛과 향의 다양성을 결정하는 세 번째 요건은 가공법이다. 같은 지역 같은 차나무 품종이라도 찻잎을 어떻게 채엽하는지, 위조는 짧게 하는지 길게 하는지, 유념을 부드럽게 하는지 강하게 하는지, 산화는 어떤 정도로 하는지 등 가공 과정 각 단계마다 맛과 향에 영향을 미칠 수 있는 변수는 수없이 많다. 이 가공 과정에 차 생산자Tea Manager(다원에서 홍차 생산을 책임지고 있는 사람)들이 갖고 있는 맛과 향에 대한 철학과 노하우가 반영된다.

이처럼 홍차의 맛과 향의 다양성은 품종, 테루아, 가공법 등 수많은 조합의 결과다. 이것은 홍차가 생산되는 인도의 다르질링, 아삼, 스리랑카의 딤불라, 우바 같은 각 생산지 현장에서 나오는 1차적인 맛과 향을 말한다.

이 홍차들을 수입한 각국의 여러 차 회사는 이들을 다양한 방법으로 블렌딩하여 브랜드마다 독특한 맛과 향으로 재창조한다. 홍차만이 그런 것이 아니고 6대 다류 모두 대체로 이렇다고 보면 된다.

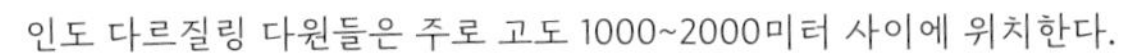

인도 다르질링 다원들은 주로 고도 1000~2000미터 사이에 위치한다.

14 홍차는 어떻게 분류할까?

차는 녹차, 홍차, 청차(우롱차), 흑차(보이차), 백차, 황차 여섯 종류로 구분한다고 했다. 이 6대 다류는 모두 다 차나무 싹이나 잎을 원료로 하지만, 가공법이 다르기에 서로 구분이 되는 것이다.

그렇다면 홍차에는 어떤 종류가 있고, 어떻게 분류할까?

지난 몇 년 사이 홍차 음용 인구가 빠른 속도로 늘어나면서 이제는 홍차 전문점을 어렵지 않게 볼 수 있다. 홍차 전문점 메뉴판에는 아삼(홍차), 다르질링(홍차), 우바(홍차), 누와라 엘리야(홍차)와 같은 낯선 단어가 적혀 있는 경우가 많다. 이 용어들은 무엇을 의미하는 것일까? 이 용어들은 홍차를 생산하는 생산지 이름이다. 국가별 주요 산지를 보면 인도는 아삼, 다르질링, 닐기리 세 곳이며, 스리랑카는 누와라엘리야, 우바, 우다푸셀라와, 딤불라, 캔디, 루후나, 사바라가무와 등 일곱 곳이며, 중국은 안후이성(기문홍차), 윈난성(전홍), 푸젠성(정산소종) 등 세 곳이 유명하다. 그리고 이들 지역에서 생산되는 홍차는 대부분 생산지 이름을 그대로 홍차 이름으로 사용한다.

홍차를 분류하는 첫 번째 기준은 바로 생산지다. 이렇게 생산지를 기준으로 구분한 것을 단일산지홍차 즉 싱글 오리진Single Origin이라고 한다. 다르질링 같은 단일산지홍차는 다르질링 지역에서만 생산된 홍차로 블렌딩된다. 그리고 이렇게 생산지를 기준으로 홍차를 구분하는 이유는 생산지에 따라서 홍차의 맛과 향이 뚜렷이 다르기 때문이다.

그렇다면 생산지마다 맛과 향이 다른 이유는 뭘까? 기후와 자연환경 영향이다. 지형, 토양, 강수량, 일조량, 고도, 바람, 기온 같이 과일이나 식물이 자라는 데 영향을 주는 요소 등을 통칭해 테루아라고 부른다고 했다. 이 특유의 테루아 차이로 인해 맛과 향이 달라진다. 이처럼 홍차가 생산되는 지역이 첫 번째 분류 기준이다.

홍차에 관심 없는 독자라도 한 번쯤은 들어봤을 이름이 잉글리시 브렉퍼스트다. 홍차를 분류하는 두 번째 기준은 블렌딩 홍차이며, 가장 대표적인 블렌딩 홍차가 잉글리시 브렉퍼스트다. 블렌딩Blending이란 여러 국가, 여러 지역에서 생산된 차를 섞는다는 의미다.

보통 작게는 2~3곳의 생산지, 많게는 20~30곳의 생산지 홍차를 블렌딩한다. 실제로 시중에서 판매되는 홍차 대부분은 블렌딩 홍차이며, 영국인이 마시는 홍차 95퍼센트가 블렌딩 홍차다.

차의 맛과 향은 변동성이 매우 크다. 같은 다원 차나무로, 같은 티 매니저가 만들어도 어제 생산한 차와 오늘 생산한 차의 품질이 다를 수 있다. 이는 차가 만들어지는 가공과정과 밀접한 관련이 있다. 채엽, 위조, 유념, 산화 등 각 과정에서 변수가 너무 많기 때문이다.

소비자들은 구입할 때마다 매번 맛과 향이 변하는 것을

원치 않는다. 자신이 선호하는 맛과 향의 홍차가 있으면 같은 것을 재구매하고 싶어한다. 따라서 일관성 있는 맛과 향을 가진 상품으로 마케팅해야 할 필요성이 있다. 이것은 딱히 홍차가 아니더라도 커피를 포함한 대부분의 기호식품에 적용된다. 세계적인 차 회사들은 길게는 100년 이상 된 명품 블렌딩 제품들이 있다. 대체로 편안하고 균형 잡힌 맛과 향을 가지고 있다. 나 역시 외부 강의 등을 할 때 주로 이런 블렌딩 홍차를 우려서 사람들에게 맛보게 한다. 초보자가 마시기에 가장 무난한 맛과 향이기 때문이다.

인도와 스리랑카 등에서 영국인들이 홍차를 생산하기 위해 만든 것이 다원茶園이다. 다원은 경계를 가진 일정한 면적 안에 차나무를 재배하는 곳과 티 팩토리Tea Factory(채엽한 찻잎을 홍차로 가공하는 공장)를 포함하고 있으며 사람들을 고용해 홍차를 생산하는 시스템이라고 정의할 수 있다. 이 다원이 오랫동안 홍차를 생산하는 기본 단위였다(지금은 다원 이외의 생산 시스템도 있다).

다르질링에는 현재 87개 다원이 있고, 아삼에는 대형 다원만 약 800개 정도 된다. 이런 개별 다원의 이름을 달고 판매되는 홍차가 단일다원 홍차 즉 싱글 이스테이트 티Single Estate Tea라고 하며 홍차를 분류하는 세 번째 기준이다.

블렌딩 홍차가 무난한 맛과 향이 장점이라면 단일다원 홍차는 개성 있는 맛과 향이 특징이자 장점이다. 하지만 단일다원 홍차가 유행하게 된 지는 10~15년 정도밖에 되지 않았다. 진하게 우린 홍차에 설탕과 우유를 넣는

홍차는 크게 단일지역 홍차, 단일다원 홍차, 블렌딩 홍차, 가향차로 분류한다.

음용방식에서는 굳이 이런 단일다원 홍차가 필요 없었기 때문이다. 건강에 대한 우려로 설탕과 우유를 멀리하게 되면서 홍차 본연의 맛과 향을 즐기고자 하는 욕구가 생기고 이에 부응해 등장하게 된 것이 단일다원 홍차다.

홍차 애호가들 사이에서 화제가 되는 것은 주로 단일다원 홍차다. 생산지의 날씨 조건에 따라 매년 맛과 향이 달라질 수 있기 때문이다. 그리고 블렌딩 홍차와는 정반대로 이런 변화를 기대하고 즐긴다.

홍차를 분류하는 세 가지 기준에 대해 설명했다. 처음 홍차를 접하는 분들은 블렌딩 홍차, 단일산지홍차, 단일다원 홍차 순서로 마셔보는 것이 홍차의 맛과 향을 이해하는 데 도움이 된다.

홍차 분류의 네 번째 방법은 가향차다. 이 또한 매우 중요한 홍차의 한 종류다. 가향차에 대해서는 다음 장에서 설명하겠다.

이 세상에 있는 수천 가지 홍차가 이 네 가지 분류 중 하나에 포함된다. 따라서 홍차를 구입하거나 마셔볼 기회가 있을 때 내가 선택한 홍차가 어떤 분류에 속하는지를 한 번씩 생각해보는 것이 홍차를 알아가는 첫걸음이다.

15 얼 그레이와 가향차

가향차加香茶는 다양한 베이스의 차에 꽃잎, 과일조각, 향신료, 허브 등을 직접 넣거나 이들의 추출물을 첨가한 것이다. 말 그대로 차에 다른 맛과 향을 추가로 더한다.

중국 명나라 때부터 유행한 가향차는 6대 다류에는 포함되지 않지만 차에 있어 매우 중요한 한 종류다. 어쩌면 처음 차를 접하는 분들은 맛과 향이 뚜렷하게 느껴지지 않는 홍차나 녹차보다는 장미 향, 재스민 향, 딸기 향, 초콜릿 향 등이 선명한 가향차가 더 편안할 수도 있다. 세계적으로 유명한 차 회사들도 다양한 맛과 향으로 가향된 수천 가지 제품으로 차 애호가들을 유혹하고 있다.

초기엔 주로 홍차, 녹차를 중심으로 가향차가 만들어졌으나 가향차 시장이 커지고 소비자들의 기호가 다양해짐에 따라 최근에는 우롱차, 백차 심지어 보이차까지도 가향하여 그 맛과 향의 범위가 아주 넓어졌다.

홍차를 잘 모르는 분들도 얼 그레이Earl Grey라는 이름은 한 번쯤 들어봤을 것이다. 심지어 어떤 분들은 홍차 하면 얼 그레이를 생각하며 얼 그레이가 곧 홍차라고도 알고 있다. 얼 그레이야말로 가장 대표적이고 유명한 가향차 중 하나다. 단어 자체는 '그레이 백작'이라는 뜻으로 그는 1830년대에 영국 수상을 역임한 정치가다.

베르가모트 열매와 꽃.

오랜 음용 역사를 가진 차에는 동서양을 막론하고 많은 전설이 있다. 그리고 차 문화에 있어서 전설은 진실 못지않게 중요하기도 하다. 각각의 차에 얽힌 전설들이 차의 맛과 향을 더욱더 풍성하게 만들기 때문이다.

그레이 백작이 수상일 때 어느 중국인에게 호의를 베풀었고, 중국인은 감사의 표시로 중국에서 가져온 차를 선물했다고 한다. 이 차를 아주 좋아했던 수상은 차가 다 떨어져가자 런던의 어느 차 회사에 똑같은 차를 더 만들어주기를 부탁했고 그래서 탄생하게 된 것이 얼 그레이 홍차라는 전설이다. 아마 마케팅 목적으로 만들어낸 이야기이겠지만 아주 성공적인 전설이 되었다.

얼 그레이의 정통 레시피는 홍차에 베르가모트Bergamot라는 과일의 껍질에서 추출한 오일로 향을 입힌 것이다. 베르가모트는 귤처럼 생긴 시트러스 계열 과일로 주로 이탈리아에서 재배된다. 맛이 없어 먹지는 못하지만 껍질에서 추출한 오일은 다양한 용도로 사용된다. 그래서 얼 그레이 홍차에서 오렌지나 레몬과 비슷한 시트러스 계열 향을 느낄 수 있다.

얼 그레이가 영국에서 제일 처음 만들어진 가향차인지는 불확실하지만 1830년대부터 등장하여 현재에도 여전히 영국은 물론이고 전 세계적으로 가장 사랑받는 가향차 중 하나임은 분명하다. 이런 유명세로 카운터스 그레이Countess Grey(카운터스는 백작 부인이라는 뜻이다), 레이디 그레이Lady Grey, 스모키 얼 그레이Smoky Earl Grey 등 이름도, 맛과 향도 비슷한 제품이 많이 나와 있다. 이들 제품 또한 나름의 독특한 특징으로 사랑을 받고 있다.

또한 홍차 이외에 녹차, 우롱차, 백차 등으로 베이스 차도 다양해지고 있다. 여기에 베르가모트를 기본으로 하되 오렌지, 레몬, 민트, 수레국화 등을 새로이 추가하면서 레시피에 변화를 준 새로운 스타일의 수많은 얼 그레이 제품들이 다양한 차 회사에서 판매되고 있다.

이런 전통적인 가향차 외에도 초콜릿, 시나몬, 바닐라, 정향 등 전혀 새로운 맛과 향으로 가향된 현대식 가향차도

얼 그레이 계열의 다양한 홍차들.

있다. 여기에 색상이 아름다운 다양한 꽃이나 열매조각까지 넣어 코뿐만 아니라 눈까지 즐겁게 하는 새로운 영역도 있다. 제품명도 마르코 폴로, 헤렌토피, 마카롱, 파리-긴자, 마리 앙투아네트 등 관심받기에 충분할 정도로 낭만적이다.

또한 크리스마스 티, 밸런타인 티, 이스터 티(부활절)처럼, 기념할만한 특정한 날을 위해 만들어진 차도 많다. 이런 차들은 대체로 가향차다. 그야말로 다양한 가향차의 세계다.

가향차는 진짜 홍차로 안내하는 좋은 길잡이다. 가향차의 매혹적인 향으로 시작해서 점차로 진짜 홍차의 제대로 된 맛과 향을 즐겨보기를 바란다.

16 블렌딩 홍차 만드는 방법

14장에서 홍차는 단일산지홍차, 블렌딩홍차, 단일다원 홍차, 가향차 이렇게 네 가지로 분류할 수 있다고 했다. 이 분류법에서 블렌딩 홍차는 여러 국가, 여러 생산지에서 생산된 차를 블렌딩해서 만든다고 정의내렸다.

하지만 블렌드Blend(섞다, 혼합하다)라는 단어 자체 의미를 그대로 해석하자면 세상의 홍차는 거의 다 블렌딩 홍차라고 볼 수 있다.

우리가 단일산지홍차라고 하는 아삼 홍차, 다르질링 홍차, 누와라엘리야 홍차도 따지고보면 아삼의 여러 다원에서 생산된 홍차, 다르질링의 여러 다원에서 생산된 홍차, 누와라엘리야의 여러 다원에서 생산된 홍차를 베이스로 해서 블렌딩한다. 따라서 '포트넘앤메이슨 다르질링' '해러즈 다르질링' '로네펠트 다르질링'이 같은 다르질링일지라도 어떤 다원 홍차를 어떤 비율로 블렌딩했는가에 따라서 맛과 향이 다 다르다. 다원만 다른 게 아니다. 어떤 회사는 퍼스트 플러시 위주로 블렌딩할 수도 있고 어떤 회사는 세컨드 플러시 위주로 블렌딩할 수도 있다. 또 어떤 회사는 브로컨Broken 등급 위주로 블렌딩할 수도 있고 어떤 회사는 홀리프Whole Leaf 위주로 블렌딩할 수도 있다. 이처럼 많은 블렌딩 변수로 인해 같은 다르질링 홍차라도 회사마다 맛과 향이

2023년 4월 시욕 다원에서 다르질링 퍼스트플러시 티 테이스팅을 준비하는 모습.

다르게 된다. 이는 홍차 애호가 입장에서는 행복한 일이다.

단일다원 홍차도 마찬가지다. 홍차 세계에서 널리 알려진 유명한 다원이 많다. 예를 들면 다르질링 지역 정파나 다원은 세컨드 플러시로 유명하다. 하지만 아무리 정파나 다원이라 하더라도 5~6월 내내 생산되는 세컨드 플러시가 다 최고 품질일 수는 없다.

축적된 경험으로 (예를 들자면), 5월 20~30일에 생산되는 세컨드 플러시가 블렌딩으로는 절대 만들 수 없는 독특한 개성을 가진 최고의 맛이라면 당연히 블렌딩하지 않고 판매해야 유리하다. 하지만 나머지 다양한 품질의 세컨드 플러시를 블렌딩해서 맛과 향이 더 좋아진다면 당연히 블렌딩해야 한다. 이렇게 만든 홍차도 물론 단일다원 홍차임은 맞다. 그리고 홍차 애호가들도 이렇게 해주기를 원한다. 애호가들이 원하는 건 맛과 향이 좋은 세컨드 플러시이기 때문이다.

60점 정도의 점수를 받는 홍차 서너 개를 블렌딩해서 80점짜리 홍차로 만들 수 있다. 그리고 1킬로그램에 5000원 하는 세 지역 홍차를 각각 판매하면 15000원의 매출이지만 이를 블렌딩해서 10000원 받을 수 있는 품질의 홍차로 만들면 3킬로그램에 3만 원의 매출을 낼 수 있다. 이것이 바로 블렌딩의 이유이자 장점이다. 그 만큼 품질이 좋아지기 때문이다.

이런 이유들로 유럽이나 영국에서 판매하는 홍차의 95퍼센트 이상이 (정의에 의한) 블렌딩 홍차이고 사전적 의미로는 거의 99퍼센트라고 보아도 무방하다. 하지만 블렌딩 과정이 그렇게 쉽지만은 않다.

최고의 블렌딩 홍차 중 하나인 포트넘앤메이슨의 '로열 블렌드'는 1902년에 처음 만들어져 120년을 이어온 명품이다. 그리고 '로열 블렌드'의 블렌딩 레시피는 정해져 있을 것이다. 예를 들자면 아삼 A다원 10퍼센트, 다르질링 B다원 20퍼센트, 케냐 C다원 15퍼센트, 우바 D다원 5퍼센트……. 이렇게 해서 100퍼센트를 채우는 레시피가 있다고 가정하면 언제, 누구라도 이 레시피대로 블렌딩만 하면 로열 블렌드의 그 맛과 향이 나올까?

자연이 만들어내는 밀양 얼음골 사과도 자연의 변덕에

의해(사람의 노력도 어느 정도 영향이 있겠지만) 매년 그 맛에 변동이 있다. 하물며 자연이 만들어낸 차나무 찻잎에 인간이 개입하는 복잡한 가공과정이 더해지는 차는 말할 것도 없다. 차는 특히 맛과 향에 있어 변동성이 매우 많은 농산물 중 하나다. 따라서 아삼 A다원이 공급하는 차의 맛과 향이 매번 동일하지만은 않을 것이다.

여기에 블렌딩의 어려움이 있다. 블렌딩 홍차의 가장 중요한 요소는 일관성 있는 맛과 향을 유지하는 것이기 때문이다. 각 차 회사에는 티 테이스터Tea Taster 혹은 티 블렌더Tea Blender가 있다. 이들은 해당 제품의 레시피를 기본으로 하되 해당 제품의 베이스가 되는 각 제품의 변동성을 감안해서 매 블렌딩 때마다 파인 튜닝Fine Tuning 작업을 한다. 예를 들면, 이번에는 아삼 A다원을 10퍼센트에서 15퍼센트로 늘이고, 다르질링 B다원을 20퍼센트에서 10퍼센트로 줄이고 등. 따라서 이들 전문가 역할이 매우 중요하다.

매번 이런 과정을 통해 포트넘앤메이슨이 추구하는 로열 블렌드의 기준 맛과 동일하게 블렌딩된다. 어느 회사의 어느 제품도 마찬가지로 이 과정을 거칠 수밖에 없다. 이 작업을 잘하는 회사가 그리고 이런 블렌딩 홍차를 많이 갖고 있는 회사가 좋은 차 회사다. 내가 주로 마시는 홍차도 블렌딩 홍차다. 무난한 맛과 향을 가지고 있기 때문이다.

17 잉글리시 브렉퍼스트

아메리카노, 에스프레소, 카페라떼, 카페모카, 카푸치노, 캐러멜 마키아또 등은 카페의 대표 메뉴들이다. 이 메뉴들의 베이스가 되는 커피는 여러 국가나 산지에서 생산된 원두(정확히 말하면 산지에서 생산되는 것은 생두다. 생두를 볶은 것이 원두이고. 하지만 이 글에서는 원두라고 하겠다)를 블렌딩해서 만든 것이 대부분이다.

핸드 드립을 전문으로 하는 곳에는 메뉴 구성이 조금 다르다. 케냐, 자메이카, 과테말라, 콜롬비아 혹은 하와이안 코나, 과테말라 안티과 등. 이들은 원두를 생산하는 국가나, 그 국가의 특별한 생산지를 기준으로 구분한 메뉴들이다. 이들을 싱글 오리진Single Origin 커피라고 한다.

싱글 오리진 커피는 대체로 맛과 향의 특징이 뚜렷한 편이다. 이런 특징이 긍정적으로 발현될 경우 커피 애호가들에게는 강한 매력이 된다. 하지만 단점이 되는 경우도 많다. 여러 생산지에서 생산된 싱글 오리진 원두의 블렌딩을 통해 개별 싱글 오리진 원두의 단점을 극복하고 맛과 향을 더 향상시킨 것이 블렌딩 커피다.

우리나라뿐만 아니라 전 세계적으로 음용되는 대부분의 커피는 블렌딩된 것이다. 맛과 향에 균형이 잘 잡혔을 뿐만 아니라 블렌딩을 통해 차별화되고 경쟁력 있는 맛과 향을

잉글리시 브렉퍼스트.
해러즈의 잉글리시 브렉퍼스트와 포트넘앤메이슨의 브렉퍼스트 블렌드.

만들어낼 수 있기 때문이다.

홍차 역시 마찬가지다. 영국을 포함한 전 세계 홍차 음용국에서 소비되는 홍차 대부분은 블렌딩된 것이다. 블렌딩 홍차는 인도, 스리랑카, 케냐 등 여러 국가 혹은 아삼, 다르질링, 딤불라 같은 다양한 지역에서 생산된 홍차를 섞어서 만든다. 따라서 전 세계 대부분의 홍차 음용자들은 자신들이 마시는 홍차의 생산국이나 산지에 별 관심이 없다. 우리가 아메리카노나 캐러멜 마키아또를 마시면서 이 커피가 어느 국가나 산지에서 생산되었는지에 관심이 없는 것과 마찬가지다.

영국인들이 가장 즐겨 마시는 블렌딩 홍차 이름이 잉글리시 브렉퍼스트다. 그리고 세계적으로도 가장 널리 알려진 홍차 이름이기도 하여 마치 홍차의 대명사처럼 여겨진다. 어쩌면 이름에 '잉글리시English'가 들어가 영국이 홍차의 나라라는 이미지를 심는 데 일조했을지도 모른다. 그런데 뜻밖에도 잉글리시 브렉퍼스트라는 이름은 영국에서 만들어지지 않았다.

영국에서 아침식사 때 차를 마시는 관습은 이미 오래전에 시작되어 브렉퍼스트 티Breakfast Tea라는 용어는 적어도 18세기 말 이후에는 사용되어왔다. 반면 잉글리시 브렉퍼스트에 관해서는 몇 가지 주장이 있다. 1843년 미국 뉴욕의 차 상인 리처드 데이비스Richard Davies가 몇 개 산지 홍차를 블렌딩해서 '잉글리시 브렉퍼스트'라고 이름 붙여 판매한 게 최초라는 주장이 유력하다. 뿐만 아니라 1892년 스코틀랜드의 차 상인 로버트 드라이스데일Robert Drysdale이 아삼, 실론, 기문홍차를 블렌딩해서 만든 것이 최초라는 주장도 있다.

우리나라 남성복 브랜드 중에는 '버킹검' '캠브리지' 같은 것이 있다. 영국 신사라는 말이 있듯이 가장 멋진 양복을 입는 나라는 영국이고 그런 영국 사람이 입을 정도로 좋은 양복이라는 이미지를 주기 위해 영국을 상징하는 이름을 양복 브랜드로 만들었을 것이다.

마찬가지로 리처드 데이비스는 미국에서 미국 사람을 대상으로 홍차를 판매하면서 홍차의 나라 영국에서 영국 사람들이 아침 식사 때 마실 정도로 좋은 차라는 이미지를 주기 위해 그렇게 정했을 것이다. 사실 영국인이 굳이 잉글리시라는 단어를 사용하지는 않았을 것 같다. 실제로 영국을 대표하는 홍차 회사인 포트넘앤메이슨은 잉글리시 브렉퍼스트라는 이름 대신 브렉퍼스트 블렌드Breakfast Blend라는 제품명을 사용한다.

리처드 데이비스의 아이디어는 성공적이었고 잉글리시 브렉퍼스트 홍차는 널리 알려졌다. 홍차를 거의 마시지 않았던 우리나라에서조차도 익숙한 이름이 되었다. 하지만 정작 영국에서 잉글리시 브렉퍼스트라는 제품명을 사용하기 시작한 시기는 빅토리아 여왕 통치 말기인 1890년대부터다. 이 점에서 보면 1892년 스코틀랜드 차 상인 로버트 드라이스데일이 처음 만들었다는 주장도 상당히 설득력이 있긴 하다.

대개는 우유와 설탕을 넣어 마시는 영국인(그리고 전 세계 대부분의 홍차음용자들)의 취향에 맞게 잉글리시 브렉퍼스트는 일반적으로 맛이 강한 홍차에 속한다. 따라서 강한 홍차의 대명사인 아삼과 케냐가 주 베이스를 이루는 경우가 많다. 그렇긴 하지만 전 세계 수많은 차 회사 대부분은 잉글리시 브렉퍼스트라는 이름으로 판매하는 차가 있고 이들 각각의 블렌딩 레시피는 다 다르고 맛과 향도 다 다르다. 우리나라 수많은 커피전문점의 아메리카노 맛이 조금씩 다르듯이.

홍차애호가들은 자신들의 취향에 맞는 잉글리시 브렉퍼스트를 선택하면 된다.

18 단일다원 홍차의 매력

홍차를 오랫동안 마셔온 열렬 애호가들이 많은 관심 속에서 대화 주제로 삼는 것은 역시 단일다원 홍차Single Estate Tea다. 단일다원 홍차만이 가질 수 있는 그리고 특정 다원만이 가지는 나름의 매력이 있기 때문이다. 블렌딩 홍차는 무난하고 표준적인 그리고 일관성 있는 맛과 향이 장점이다. 하지만 '무난·표준·일관성'은 변화무쌍한 새로운 맛과 향을 추구하는 애호가들에게는 다소 지루할 수도 있다.

반면에 해당 다원에서 생산된 홍차만으로 만들어진 단일다원 홍차는 매년 있을 수 있는 변수들로 맛과 향이 일정치 않은 단점을 가진다. 하지만 올해가 평년보다 나쁠 수도 있지만 올해가 평년에 비해 탁월한 맛과 향이 나올 가능성에 대한 기대도 할 수 있다.

인도와 스리랑카 등에서 영국인이 홍차를 생산하기 위해 만든 것이 다원茶園이다. 홍차를 생산하는 독립된 단위로 다원들은 같은 생산지에 위치하더라도 여러 차별점을 가질 수 있다. 다원마다 재배하는 품종이나 품종의 구성비가 다를 수 있고, 다르질링이나 우바, 딤불라처럼 산악지대인 경우 위치하는 고도나 경사면 방향에 따른 평균 일조량 등이 다를 수 있다. 게다가 각 다원의 소유주나 티 매니저들은 자신들이 생산하는 홍차의 맛과 향에 대한 자신들만의 철학

혹은 전략이 있다. 고품질로 소량 생산할 것인지 대량으로 생산하면서 품질을 희생할 것인지, 섬세함에 우선을 둘 것인지, 강한 맛에 우선을 둘 것인지가 다 다를 수 있다. 이런 요소들이 결합되어 다르질링·아삼·누와라엘리야 각 다원들 사이에서도 맛과 향의 차이를 가져오게 된다.

다르질링은 다원들이 매우 인접해 있다(스리랑카 딤불라 지역도 마찬가지). 이쪽 다원에서 건너편 다원들이 보이는 경우가 많다. 세계적으로 널리 알려진 유명 다원들 사이에서의 품질 경쟁 또한 매우 치열하다. 품질 수준은 바로 명성과 가격에 반영되기 때문이다. 그리고 다원별 생산량도 많지 않다. 다르질링 다원들 연간 평균 생산량이 100톤 정도이고(2020~2022년 평균 생산량은 80톤 수준으로 줄어들었다) 이중 다원 명성에 영향을 미치는 퍼스트/세컨드 플러시 물량은 수십 톤에 불과하다. 그야말로 여기에 모든 노력을 쏟는다. 그리고 세계 홍차 애호가들은 단일다원 홍차의 이런 매력에 열광한다.

하지만 단일다원 홍차가 본격적으로 관심을 받게 된 지는 앞에서 말한 것처럼 10~15년 남짓이다. 홍차에 우유와 설탕을 넣는 음용 방식에서는 단일다원 홍차의 매력은 의미가 없다. 우리나라에서 지난 5~6년 사이 홍차에 대한 관심이 급격히 증가했다. 같은 시기에 오랫동안 차를 마셔온 영국, 프랑스, 독일, 일본, 미국 같은 국가에서는 고급 홍차Specialty Tea에 대한 관심이 급격히 증가했다. 고급 홍차 수요가 증가하고 있는 추세는 음용자들이 우유와 설탕을 넣지 않은 홍차 본연의 맛과 향에 대한 관심이 커졌다는 의미다. 이런 트렌드에 가장 부합하는 것이 홍차에 있어서는 단일다원 홍차다.

이런 추세는 꼭 홍차에만 국한되지는 않는다. 다른 차들 역시 고급화되고 있다. 뿐만 아니라 지난 10년간 우리나라 커피 음용 트렌드가 고급화 방향으로 어떻게 변화해왔는지를 보면 명확하다.

다르질링 오카이티 다원, 아삼 모칼바리 다원, 닐기리 글렌데일 다원(시계방향으로).

어느 생산지나 나름 오랫동안 명성을 누린 명품 다원들이 있다. 최근 들어서는 그 동안 알려지지 않은 다원들이 새롭게 등장하고 있는 것도 눈에 띄는 현상이다. 단일다원 홍차에 대한 수요가 늘어나면서 유럽의 유명 차 회사나 혹은 유통의 큰 손들이 새로운 다원들을 발굴해내고 있기 때문이다. 다원들 자체도 생산량보다는 품질에 초점을 두면서 이전과는 달리 고품질 홍차를 새롭게 생산하기 시작했다.

2019년 다르질링 현지에서 구입한 최고의 퍼스트 플러시는 그동안 눈에 띄지 않았던 투르좀Turzum 다원 것이었고 2023년 세컨드 플러시는 리자힐Lizahill 다원 제품이 좋았다. 역시 잘 알려진 다원은 아니다.

포트넘앤메이슨, 마리아주 프레르 같은 유명 차 회사들도 매년 단일다원 홍차 판매 비중을 지속적으로 늘리고 있다. 뿐만 아니라 내가 처음 들어보는 새로운 이름의 다원들도 계속 등장하고 있다. 홍차 고급화는 지속될 것이며 단일다원 홍차 수요 역시 점점 더 늘어날 것이다. 게다가 오랫동안 차를 마셔온 중국이 인도, 스리랑카 등에서 생산되는 홍차에도 관심을 갖기 시작했다. 생산량은 한정되어 있는데 수요가 늘면 가격이 오를 수밖에 없다. 이미 유명한 다원이 생산하는 홍차의 판매가는 몇 년 전에는 상상도 할 수 없을 정도로 오르고 있다. 홍차 애호가들에게는 나쁜 소식이다.

19 보름달 아래에서 채엽하다

모든 상품이 그러하듯이 우리가 마시는 차 역시 비싼 것과 저렴한 것이 있다. 차 가격에 영향을 미치는 요인들은 다양한데 생산지도 그중 하나다. 대부분의 농산물처럼 차나무 역시 재배에 아주 적합한 자연환경과 기후가 있기 때문이다. 가공법도 중요한데, 그중에서도 특히 채엽採葉이 핵심이다. 차는 차나무의 싹이나 (주로는) 잎으로 만드는데 싹이나 어린잎 위주로 만든 차가 대체로는 맛과 향이 더 좋다는 건 앞에서도 말했다.

여기에 더하여 생산 시기도 매우 중요하다. 사계가 뚜렷한 한국, 중국, 일본 같은 경우는 이른 봄에 채엽한 싹과 어린잎으로 만든 차가 제일 고급으로 여겨진다. 찻잎에 맛과 향이 좋은 성분이 가장 많이 들어있다. 녹차 중 가장 고급인 우전雨前은 곡우穀雨(양력 4월 20일경) 전에 만들었다는 의미다. 마찬가지로 중국의 명전明前은 청명淸明(양력 4월 5일경) 전에 만든 차를 의미한다. 일본 역시 이른 봄에 만든 이치반차一番茶를 최고로 친다. 이른 봄이라는 한정된 시기에만 생산되다보니 생산량이 적을 수밖에 없는 조건도 비싼 이유가 된다.

이처럼 생산지, 생산 시기, 채엽 방법 등의 차별화로 인한 고급화에 또 다른 요인이 덧붙여져 아주 비싼 차도 있다.

마카이바리 다원의 라자 바네지 회장이 다원을 둘러보고 있다.

대표적인 것이 보이차다. 보이차는 시간이라는 변수가 더해져서 가격이 높아진다. 즉 만든 지 20년, 30년, 40년이 지나고 이렇게 시간이 흐르면서 보이차의 맛과 향이 더 좋아진다고 보기 때문이다. 긴 시간이 주는 희소성이라는 가치도 있다. 최근에는 오래된 차나무(고차수古茶樹)에서 채엽한 찻잎으로 만든 보이차(고수차古樹茶) 역시 비싸게 판매된다. 수령이 100년, 500년 심지어 800년 된 차나무에서 채엽한 찻잎으로 보이차를 만들면 그 만큼 맛과 향이 뛰어나다는 주장이다. 이 또한 희소성이라는 가치가 더해진다. 오래된 차나무가 그렇게 많을 수가 없기 때문이다. 그리고 이런 마케팅은 중국에서도 윈난성처럼 오래된 차나무가 많은 지역에서 생산되는 보이차나 가능한 방법이다.

지금도 차는 중국에서 가장 많이 생산되고 많이 음용된다. 다만 홍차는 중국 아닌 다른 나라들에서 더 많이 생산되고 마신다. 홍차라는 차를 처음 만든 건 중국일지 모르지만(다른 주장을 보려면 '11. 홍차는 어떻게 탄생했는가' 참고) 전 세계로 확산시킨 나라는 유럽 국가들이며 그중에서도 영국이 주된 역할을 했기 때문이다. 현재 홍차를 가장 많이 생산하는 국가는 인도, 케냐, 스리랑카 등이다. 최근 들어 중국의 홍차 생산량이 늘고 있지만 전 세계 홍차 생산량의 15퍼센트 정도에 불과하다. 인도, 케냐, 스리랑카를 식민통치하고 있던 영국이 1860~1900년경부터 홍차 생산을 주도했다. 영국은 자신들의 음용 기호에 맞추기 위해 중국 홍차와는 다른 새로운 가공법을 만들었다. 이 가공법으로 만든 것을 영국식 홍차라고 부른다. 영국식 홍차는 맛이 강해 우유와 설탕을 넣었을 때 더 맛이 풍부해지는 특징이 있다. 싹과 어린잎 위주로 만드는 섬세한 중국 홍차와는 속성이 전혀 다르다. 다 자란 잎 위주로 가공해 생산 단가도 매우 저렴하다. 인도 홍차 생산량의 절반을 차지하는 아삼 홍차 90퍼센트 이상이 옥션Auction에서 킬로그램당 2.5달러 수준에서 거래된다. 케냐, 스리랑카 홍차 가격도 이와 비슷하다. 이러다보니 소비자가격도 저렴하다. 이것이 홍차를 직접 생산하기 시작할 때부터 영국이 원했던 바다. 즉 우유와 설탕을 넣어서 마실 수 있는 일상음료로서의 값싼 홍차였다. 여전히 영국은 홍차 소비량의 90퍼센트 이상이 티백형태다. 가장 많이 마시는 브랜드 중 하나인 피지 팁스PG Tips 티백의 개당 가격은 60원 전후에 불과하다. 세계적으로 물 다음으로 많이 마시는 음료가 홍차인 것도 저렴한 가격이 주요한 이유 중 하나다.

근래 들어 서양에서도 건강에 대한 우려와 동아시아식 차 음용법의 확산으로 설탕과 우유를 넣지 않고 마실 수 있는 고급 홍차에 대한 수요가 늘어났다. 영국식 홍차 중 가장 높은 가격으로 판매되는 것은 다르질링 홍차다. 히말라야 산기슭의 독특한 자연환경에서 나오는 차별화된 맛과 향으로 유명하다. 홍차 고급화 추세로 최근엔 싹과 어린잎 위주로 생산하다보니 맛과 향은 더 섬세해지고 생산량은 줄어들어 가격은 더 비싸지고 있다. 하지만 아무리 이런 조건을 갖추고 있다 하더라도 영국식 홍차가 가질 수밖에 없는 가격의 상한선이 있다. 앞에서 본 것처럼 보이차가 비쌀 수 있는 이유는 시간이라는 모방하기 어려운 차별적 요소가 있기 때문이다.

다르질링의 유명 다원 중 하나인 마카이바리 다원의 오랜 소유주였던 라자 바네지Rajah Banerjee 회장은 마케팅 능력이 뛰어나다고 알려져 있다.

바네지 회장은 2000년대 초부터 실버 팁스 임페리얼Silver Tips Imperial이라는(옥션 거래가격이 킬로그램당 2000달러에 이르는) 아주 비싼 홍차를 생산해서 성공적으로 판매해오고 있다. 인도에서 생산되는 홍차가 100그램당 200달러에 거래된다는 것은 그때나 지금이나 말도 안 되게 비싼 가격이다. 물론 고품질 중국종 차나무를 적당한 경사에

마카이바리 다원의
실버 팁스 임페리얼.

각도를 맞춰 심어 이상적인 일조량을 확보하는 등 특별한 가공법으로 만들었다고 주장하고 있다. 하지만 이 정도만으로 그 높은 가격의 이유가 되기는 어렵다. 여기에 보름달이 뜨는 맑은 날 밤Full-moon night에 싹과 어린잎만 채엽하여 만든다는 차별점을 더했다. 보름달이 떴을 때 찻잎이 우주로부터 에너지를 받고 이때 채엽한 찻잎으로 만든 차가 맛과 향이 아주 뛰어나다는 주장이다. 물론 이렇게 만드는 차가 중국에도 있지만 다르질링이라는 영국식 홍차에 적용했다는 것이 홍차 애호가들에게는 신선하게 받아들여진 것 같다. 실제로 마카이바리 다원 사무실에는 어두운 밤에 횃불을 들고 찻잎을 따고 있는 티 플러커들의 사진이 걸려 있다. 실버 팁스 임페리얼은 지금도 인도에서 생산되는 차 중 가장 비싸게 판매되고 있다.

G20 정상회의가 2023년 9월에 인도 뉴델리에서 열렸다. 그 사전행사 중 하나로 선발 대표단 중 일부가 지난 4월 초 다르질링 마카이바리 다원에서 보름달이 떴을 때 실버 팁스 임페리얼용 찻잎을 채엽하는 행사에 참여했다. 언론에서는

영적인 행사라는 표현까지 사용하면서("Moonlight tea plucking is a spiritual ceremony") 크게 보도했다. 인도 홍보 행사 중 하나로 선택될 만큼 마케팅에 성공한 것이다.

이런 영향 때문인지 다르질링 다원홍차 중 비싼 것에는 문라이트Moonlight, 문샤인Moonshine, 문빔Moonbeam 같이 유독 달 문구가 많이 사용된다. 차 종주국이라는 프리미엄으로 비싼 차는 거의 대부분 중국에서 생산되고 있는 현실에서 홍차에서나마 중국산과 겨룰 수 있는 것이 있어서 다행이긴 하다. 하지만 일상음료인 차가 지나치게 비싸지는 추세에 대한 아쉬움도 있다.

20 다르질링의 '문라이트'와 '화이트 티'

다르질링 홍차에서는 정파나 다원, 캐슬턴 다원, 마카이바리 다원, 굼티 다원, 남링 다원 등 다원 이름을 달고 판매되는 것이 대체로 고급 제품이었다. 이 다원 이름 뒤에 언젠가부터 문라이트Moonlight, 문샤인Moonshine, 문빔Moonbeam 등의 용어가 붙기 시작했다. 물론 다이아몬드, 루비 등 보석 이름이 붙기도 하고 이그조틱 화이트Exotic White, 이니그마 골드Enigma Gold, 원더 티Wonder Tea, 원더 골드Wonder Gold, 레드 선더Red Thunder, 유포리아Euphoria, 버건디Burgundy, 빈티지Vintage, 리미티디 에디션Limited Edition 등 다양한, 대체로는 고급스러운 느낌을 주는 용어들이 붙고 있다.

다원들 입장에서는 자신들이 생산하는 홍차 중 특히 좋은 것을 브랜드화해서 널리 알리고 이익을 높이기 위한 전략이다. 그냥 ○○ 다원이라고 판매하기보다는 뭔가가 뒤에 더 붙는 것이 좋아 보이기도 한다. 최근 우리나라 아파트 이름에 정체불명의 수많은 외국어 단어들을 붙여서 고급스럽게 보이게 하는 전략과 비슷하다.

이중에서도 특히 문라이트처럼 달이 포함된 용어가 오래전부터 사용되어왔다.

몇 해 전부터는 화이트 티(혹은 화이트, 두 단어가 구별 없이 사용된다)라는 용어도 덧붙이기 시작했다. 다르질링 이그조틱 문라이트 화이트 티Darjeeling Exotic Moonlight: White Tea, 캐슬턴 문라이트 스프링 화이트 티Castleton Moonlight Spring: White Tea, 캐슬턴 문라이트 서머 화이트 티Castleton Moonlight Summer: White Tea, 바담탐 헤리티지 문라이트 스프링 화이트Badamtam Heritage Moonlight Spring White 등이다. 이러다보니 다르질링에서 생산되었음에도 패키지에 이렇게 표시된 차의 정체성identity에 대해서 혼란스럽게 생각하는 애호가들이 많아졌다. 화이트 티라는 용어가 있으니 자연스럽게 6대 다류의 백차라고 생각하는 분들도 있다. 그리고 화이트 티라는 용어가 주로 문라이트와 함께 사용되는 경우가 많아서인지, 다르질링 홍차 패키지에 문라이트만 표시되어 있어도 백차라고 여기는 경우도 있다. 게다가 이렇게 표시된 차들은 대체로 싹의 비중이 높기도 하고, 수색 또한 연황색, 연녹색으로 매우 옅어 실제로 헷갈릴 수도 있다. 결론부터 말하면 다르질링에서 생산된 차 중 패키지에 이렇게 표시된 것의 대부분은 백차白茶가 아니다.

요즈음은 중국 외 케냐, 스리랑카 그리고 인도 등의 차 생산국에서도 백호은침, 백모단 스타일의 다양한 백차들을 생산하고 있다. 다르질링 다원들도 마찬가지다. 그중 오카이티Okayti 다원이 생산하는 백호은침 스타일의 백차가 비교적 유명한 편이다(당연히 홍차를 주로 생산하나 백차도 일부 생산한다). 오카이티 다원은 자신들의 백차를 싹으로만 만든 차라고 분명히 설명하고 있다. 홈페이지에 "오카이티 다원의 화이트 티는 고운 흰색 솜털로 덮여 있는 펴지지 않은 어린

최근 들어 다르질링 홍차에 붙기 시작한 화이트 티White Tea라는 단어는 일종의 등급으로 보면 된다.

싹으로 만든다Okayti's white tea is made from the unfurled young buds covered with fine white hairs"라고 되어 있다. 그리고 2023년 4월 오카이티 다원이 현지에서 운영하는 숍에서 구입한 '1888 Silver Moon'의 홈페이지 설명에는 White Tea라고 표시되어 있고 "수백 개의 실버 팁으로만Only a few hundred silver tips" 만든다고 해놓았다. 실제로 열어보면 은색 싹으로만 이루어져 있다. 다만 살짝 비틀리고 살짝 굽은 모양을 하고 있는 외형이 푸젠성 백호은침과는 다르다. 다원에서 확인한 바로는 유념을 전혀 하지 않는 푸젠성 가공법과는 달리 5~6분의 짧은 유념을 한다고 한다.

따라서 다르질링에서 생산되는 진짜 백차는 싹으로만 만들어지고 제품명에도 대체로 Silver Tips, Silver Needle 같은 단어가 들어간다. 이외에 다원 이름 뒤에 단순히 화이트 티라고 표기되는 경우는 대부분 홍차다. 그리고 싹의 비율이 많을지는 모르지만 거의 대부분 어린잎도 함께 포함되어 있다. 문라이트, 화이트 티 이런 용어들을 많이 사용하는 인도 브랜드인 티박스Teabox도 6대 다류 백차에 속하는 제품명에는 "Darjeeling Special Spring Silver needle White"처럼 Silver Needle을 포함시킨다. 하얀색 싹으로만 되어 있고 외형도 푸젠성 백호은침과 거의 유사하다. 오카이티 다원과는 달리 유념을 전혀 하지 않은 것처럼 보인다.

다르질링 홍차 패키지에 표시되는 문라이트는 캐슬턴 다원이 처음 사용한 것으로 알려져 있다. 지금은 여러 다원이 사용하는데 대체로는 자신들이 생산하는 퍼스트 플러시 중 특히 좋은 일부를(최근에는 세컨드 플러시에도) 차별화하기 위한 마케팅 용어라고 보면 된다. 문라이트에 더하여 화이트 티를 같이 사용하는 경우에도 기존 문라이트에 추가된 (아마도 더 좋다는 것을 강조하기 위한) 일종의 등급이라고 보면 된다.

FOP, GFOP 등의 기존 홍차 등급도 싹을 점점 더 많이 포함시키면서 더 좋은 홍차를 만들고 이를 내세우기 위한 경쟁의 결과 현재 SFTGFOP1까지 다양해진 것이다. 새로운 추세도 그 연장선상에서 보면 될 것 같다. 따라서 문라이트와 화이트 티를 같이 사용하든, 문라이트 혹은 화이트 티를 독립해서 사용하든 대체로 고품질 다르질링 홍차임을 강조하는 것이라고 보면 된다.

그렇긴 하지만 싹 비율이 점점 더 많아지고 위조도 더

길게(강하게) 하고 유념도 더 부드럽게(짧게) 하며, 산화도 아주 짧게 하는 추세는 맞다. 이러다보니 수색은 더 열어지고 맛과 향도 더 섬세해져서 마시는 입장에서는 홍차인지 녹차인지, 우롱차인지 백차인지 그 경계선이 실질적으로 모호해지고 있다.

하지만 표기사항이나 가공법의 이런 변화가 다르질링 홍차 생산자들과 판매자들이 협의하여 나온 일치된 방향이 아님은 분명하다. 그들 자신도 변화하는 추세 한가운데 있는 것 같았다.

그리고 이런 변화는 다르질링뿐만 아니라 아삼, 닐기리에서도 진행 중이다. 중국, 스리랑카 그리고 우리나라에서도 일어나는 현상이다.

홍차 애호가로서 우리는 홍차의 변화하는 맛과 향의 다양성 속에서 자신의 취향에 맞는 홍차를 발견하는 즐거움을 가져야 할 것 같다.

21 계절이 차에 미치는 영향

추운 겨울이 지나고 오는 봄은 누구에게나 반갑다. 봄을 싫어하는 사람은 없을 것이다. 봄은 다양한 모습으로 많은 사람을 설레게 하지만, 차를 사랑하는 사람은 햇차에 대한 기대감으로 더욱 더 봄이 반가워진다.

우리나라에서는 4월 5일 청명과 4월 20일 곡우 사이에 채엽하기 시작하면 10월까지도 찻잎을 딸 수 있다. 그럼에도 곡우 전에 딴 찻잎으로 만들었다고 하여 우전雨前이라고 불리는 이른 봄 녹차를 특히 좋아한다. 연녹색의 여린 찻잎이 주는 싱그러운 푸르름도 좋고, 대체로는 다른 시기에 만든 차보다 맛과 향이 더 뛰어나기 때문이다.

이른 봄에 만든 차일수록 맛과 향이 더 좋은 이유는 무엇일까? 식물은 광합성을 통해 영양분(에너지)을 만든다. 차나무 역시 뜨거운 여름 동안 열심히 광합성 작용을 해서 만든 영양분을 뿌리로 내려보내 저장한다. 겨울 동안 뿌리에 저장했다가, 이른 봄에 그 영양분을 내보내서 새싹을 만든다. 뿌리에서 겨울을 보내면서 농축된 영양분이 가득 차 있는 새싹과 어린잎으로 만든 것이 바로 햇차다. 그래서 햇차의 맛과 향이 특히 좋다. 게다가 이른 봄은 일조량도 부족하고 날씨도 아직 쌀쌀한 편이라 찻잎이 자라는 속도가 느리다. 이렇게 천천히 자라면서 찻잎에 영양분이 꽉꽉 채워지는 것도 맛과 향이 좋은 또 다른 이유가 된다.

여기에 추운 겨울을 지내고 난 후에 자연이 주는 선물이라는 감상까지 더해져 우리나라를 포함하여 중국, 일본, 인도의 다르질링처럼 뚜렷한 겨울이 있는 차 생산지에서는 대체로 봄 차가 훨씬 더 대접받는 편이다.

하지만 반드시 봄 차만이 좋은 것은 아니다. 생산지의 특성에 따라 다른 계절에 만든 차도 좋은 경우가 많다. 뿐만 아니라 봄이 아니라 다른 계절에 만든 차가 맛과 향이 더 풍부해 훨씬 더 선호되는 경우도 많다.

스리랑카(이전 이름이 실론으로 실론티는 스리랑카 홍차라는 뜻이다)는 적도 인근에 위치하여 일년 내내 더워 홍차는 연중 생산된다. 따라서 계절에 따라서 맛과 향을 구분하는 것은 의미가 없다. 대신 차나무가 재배되는 곳이 대부분 산악 지역이라 고도에 따라 맛과 향이 다른 것이 스리랑카 홍차의 가장 큰 특징이다. 1200미터 이상을 고지대, 600~1200미터 사이를 중지대, 600미터 이하를 저지대로 분류한다.

이렇게 분류한 각 지역에서 제일 맛있는 차가 생산되는 시기는 대체로 건조기다. 지형 특징으로 인해 우기와 건기가 뚜렷이 구별되는 스리랑카 기후에서 해당 차 생산지가 건기에 해당될 때 생산된 차가 가장 좋은 품질로 선호된다. 서쪽에 위치한 딤불라는 1~3월, 동쪽에 위치한 우바는 7~9월이 가장 맛있는 차가 생산되는 퀄리티 시즌Quality Season이다.

인도 남부에 위치한 닐기리 역시 적도 인근이라 연중 홍차가 생산된다. 닐기리의 차 생산지는 전체적으로

겨울에 눈으로 뒤덮인 튀르키예 리제 지역의 차밭.
리제Rize는 튀르키예를 대표하는 홍차 생산지다.

고원지대에 위치한다. 차 생산지의 평균 고도가 1700미터 정도이고 높은 곳은 2400미터에 이른다. 이러다보니 적도 인근임에도 겨울에 해당하는 12월에서 3월 사이의 고지대에서는 기온이 내려가 서리가 내리는 경우도 종종 있다. 이 시기에 생산된 차는 서리 차Frost Tea 혹은 겨울 차Winter Flush라고 불리면서 맛과 향이 좋아 가장 선호된다. 상대적으로 낮은 온도에서 천천히 자라면서 찻잎에 영양분이 풍부해지기 때문이다.

우리나라 녹차 생산 시기는 4월 중순에서 10월 중순까지로 짧다고 할 순 없다. 이 기간 중 곡우(4월 20일) 전에 시작하여 입하(5월 5일) 전후까지 생산되는 녹차가 최고 품질로

닐기리 겨울 차와 다르질링 봄 차.

대우받으면서 관심의 대상이 된다. 좀 더 길게 봐도 소만(5월 21일)까지로 합해서 한 달 남짓이다. 그 이후 생산되는 차는(근래에는 일손이 부족해 생산하지 않는 경우도 많지만) 가격도 낮아지고 차 애호가들의 관심에서 멀어진다.

일본과 중국도 최고 품질이 생산되면서 차 애호가들의 관심을 받는 시기는 각각 이치반차一番茶와 청명차淸明茶(혹은 명전차明前茶)가 생산되는 시기로 우리나라와 마찬가지로 이른 봄의 매우 한정된 기간이다.

이와는 달리 여름 차 또한 봄 차 못지않게 관심의 대상이 되면서 각광받는 것이 다르질링 홍차다.

퍼스트 플러시First Flush라고 알려진 다르질링의 봄 차Spring

Flush는 3~4월에 생산되면서 녹차에 가까울 정도로 산화도가 낮다. 푸르고 신선하며 꽃 향으로 가득 찬 맛과 향은 매년 봄 전 세계 홍차 애호가들을 흥분시킨다. 5~6월에 생산되는 세컨드 플러시Second Flush, 즉 여름 차Summer Flush는 전혀 다른 맛과 향으로 다시 한 번 사람들을 사로잡는다.

일조량이 많아지고 기온이 올라가는 계절 변화와 함께 찻잎 속 성분의 구성비도 달라진다. 여기에 맞춰 산화도를 높이는 등 가공법에 변화를 줘서 맛과 향을 훨씬 풍성하고 복합적으로 만든다.

아삼 홍차는 5월부터 생산되는 여름 차인 세컨드 플러시가 다른 계절에 비해 맛과 향이 훨씬 더 풍성하다. 이 시기의 무덥고 비가 많이 오는 습한 날씨가 아삼 홍차 특유의 바디감 있고 농도 짙은 적색 수색을 가져오면서 강한 몰트 향, 꿀 향을 발현시킨다. 아삼 홍차는 다르질링 홍차와는 달리 봄 차와 여름 차가 다른 개성과 매력으로 차별화되지 않는다. 따라서 세컨드 플러시라는 용어는 그야말로 생산 시기만을 뜻한다. 3~4월에 생산되는 봄 차(단지 시기적으로 봄에 생산되는 차라는 의미. 실제로 아삼 홍차에서 봄 차 혹은 퍼스트 플러시라는 말은 거의 사용하지 않는다)는 풀 향Weedy이 나는 떫은맛이 강한 편이라 선호되지 않는다. 인도는 생산량의 대부분을 국내 소비하고 수출량은 15퍼센트 전후에 불과하다. 따라서 수출되는 아삼 홍차는 거의 대부분 세컨드 플러시이고 우리가 유럽 회사들로부터 구입하는 아삼 홍차 역시 대부분 세컨드 플러시라고 보면 된다. 종종 패키지에 '세컨드 플러시'라고 표기되어 있는 경우가 있는데 당연한 것을 강조한 의미 없는 마케팅 용어에 불과하다.

뿐만 아니라 철관음, 봉황단총 같은 우롱차는 가을 차, 겨울 차 품질도 봄 차 못지않을 뿐만 아니라 더 뛰어난 경우도 있다. 타이완 우롱차인 동방미인은 5월 중순에서 6월 중순까지 생산한 것이 가장 맛있다고 알려져 있다. 독특한 맛과 향을 발현시키는 데 필수요소인 소록엽선小綠葉蟬, *Jacobiasca formosana*이라는 곤충이 이 무렵에 나타나기 때문이다. 이 곤충이 어린 찻잎을 갉아먹으면 차나무는 방어기제에 따라 잎에서 독특한 성분을 만들어내게 되는데 이 성분이 차에 달콤한 맛을 배가하는 것이다. 곤충이 활동해야 하니 당연히 유기농으로 할 수밖에 없어 소량 생산하게 된다.

차나무의 싹과 잎으로만 만들지만, 차의 맛과 향의 세계는 넓고도 깊다. 차나무 품종, 재배되는 지역의 자연환경, 가공법 같은 변수들이 차의 맛과 향에 다양성을 가지고 온다. 이에 더하여 앞에서 본 것처럼 채엽하여 만든 시기도 변수가 된다. 차 맛과 향의 다양성에는 그 한계가 없는 것 같다.

22 진짜 아이스티를 마시자

영국식 홍차에는 티포트와 찻잔 등 필수적인 다구 외에 티코지Tea Cozy/Cosy 혹은 티 워머Tea Warmer라고 불리는 차와 관련된 소품이 하나 있다. 두꺼운 천이나 털실 등으로 모자 비슷하게 만들어 차가 식지 않도록 찻주전자를 덮어두는 보온용이다. 동아시아와 달리 비교적 큰 티포트에 홍차를 우려내는 영국에서는 마시는 중 차가 식기 마련이라 식지 않도록 막아주는 용도다.

나는 최소 용량을 400밀리리터 정도로 해서 차를 우린다. 단숨에 마시기에는 많은 양이다. 큰 잔에 부어 천천히 마시면 남아 있는 차는 식어버린다. 대부분의 홍차는 식으면 대체로 맛이 무거워지고 훨씬 더 떫어진다. 이럴 경우 전자레인지에 돌려서 데워 마시지만 처음 우렸을 때 맛은 아니다.

차는 뜨거운 물에 우려 마시는 음료다. 차를 처음 마셨다고 알려진 중국의 전설 속 황제 신농 이야기도 "제자들과 함께 여행 중 쉬면서 물을 끓이고 있는데 어디선가 나뭇잎이 떨어져 끓는 물속에서 함께 끓여졌고, 그 물을 마시니 기분이 좋고 상쾌해졌다. 그 나뭇잎이 차나무의 잎 이었다"라는 내용이다.

찻잎 속에 들어 있는 성분이 우려져 나온 것이 차인데, 뜨거운 물이 찻잎 속 성분을 훨씬 더 잘 끌어내기 때문이다.

뜨거운 물에 제대로 우린 차라도 식었을 때보다는 따뜻할 때 훨씬 더 맛있다. 따라서 전 세계를 보아도 차 마시는 문화에서는 거의 대부분 뜨겁게 혹은 따뜻하게 마신다. 녹차와 민트를 블렌딩한 모로컨 민트Moroccan Mint라는 독특한 차를 발전시킨 모로코는 아주 더운 나라임에도 차를 따뜻하게 마신다.

그럼에도 여름이 점점 길어지고 있는 우리나라에서는 (물론 전 세계적으로도) 아이스티 음용이 꾸준히 더 늘고 있다. 실제로 찌는 듯한 여름에 뜨거운 차는 부담스럽다. 게다가 과거와는 달리 난방이 잘 되어서인지 요즈음은 겨울에도 아이스티를 마시는 경우가 늘어났다.

하지만 커피전문점이나 티숍에서 아이스티라고 판매되는 것이 어떻게 보면 진짜 차가 아닌 경우가 많다. 주로 허브 혹은 과일 조각으로 만든, 차라기보다는 허브티에 가까운 음료다. 혹은 진짜 차일지라도 가향차일 가능성이 많다. 순수 찻잎만으로는 아이스티를 맛있게 만들기가 어렵기 때문이다. 그리고 진짜 차든 허브티든 시중에서 판매하는 아이스티 대부분에는 설탕이 들어간다. 이유는 단 하나 달아야 맛있기 때문이다. 땀을 많이 흘리는 여름철에 몸은 시원하고 달콤한 맛을 훨씬 더 좋아한다.

차 자체는 칼로리가 제로에 가까운 건강음료다. 차를 마시는 음용자도 이 점을 중요하게 생각한다. 하지만 설탕이 들어가는 순간 맛뿐만 아니라 건강 면에서도 차 본래의 장점은 사라진다. 달콤한 아이스티를 마시고 건강음료인 차를 마셨다고 스스로를 속이지 말기 바란다.

하지만 조금만 수고하면 차를 아이스티로 제대로 마실 수 있다. 상온의 물에 찻잎을 넣고(100밀리리터당 1~2그램, 양은 매우 유동적이다) 1~2시간 뒀다가(여름철에는 바로 냉장고에 넣는 것도 좋다) 찻잎을 그대로 둔 채 냉장고에 넣어 10시간 정도 지난 후(시간 또한 매우 유동적이다) 마시는 방법이다. 이 방법을 냉침이라고 한다. 냉침용으로 사용하는 차는 비교적 산화가 약하게 된 것이 좋다. 홍차라면 다르질링 퍼스트 플러시, 닐기리, 우롱차라도 산화가 약하게 된 철관음, 아리산 우롱, 그리고 녹차, 백차는 대체로 좋다. 차의 주요 성분인 아미노산(테아닌), 카데킨, 카페인 중 쓰고 떫은맛을 내는 카페인과 카데킨은 차가운 물에서는 잘 우러나지 않는다. 반면에 감칠맛을 내는 아미노산은 물 온도에 관계없이 잘 우러난다. 따라서 냉침법으로 만든 아이스티는 상대적으로 떫은맛이 덜하다. 냉침한 차가운 차를 입안에 넣는 순간 시원하면서도 깔끔하고 산뜻한 맛을 느낄 수 있다. 아주 고급스런 맛이다. 이것이 진정한 아이스티다. 당연히 설탕은 넣지 않는다. 꿀 팁 하나는 시간이 지나 살짝 맛이 없어져가는 차도 냉침을 하면 훨씬 더 맛있어진다는 것이다. 내가 가장 좋아하는 것은 다르질링 퍼스트 플러시로 냉침한 아이스티다. 정말 맛있다. 퍼스트 플러시가 비싼 편인 게 아쉬운 점이다.

특이하게 미국은 차 소비의 85퍼센트가 아이스티다. 그리고 RTD(Ready to drink의 약자로 유리병이나 캔, 페트병에 들어있는 음료를 말한다) 형태의 소비가 점점 더 늘고 있다.

냉침으로 만든 아이스티는 맛과 향이 매우 깔끔하다.

편리성 때문이다. 하지만 그 동안 RTD 형태의 아이스티는 값싼 CTC 홍차 혹은 인스턴트 홍차를 원료로 해서 대부분 설탕을 넣어 아주 달게 만들었다. 최근 들어 고급차에 대한 수요가 늘어나고 또 설탕에 대한 우려가 커지면서 차를 냉침법Cold Brew으로 우려서 설탕을 넣지 않은 프리미엄

우유에 냉침하면 아이스 밀크티가 된다.

RTD 차 음료가 출시되고 있다. 여름이 점점 길어지는 우리나라에서도 제대로 된 아이스티를 편리하게 맛볼 수 있는 때가 빨리 오기를 바란다.

23 우리나라 밀크티 유행과 홍차

날씨가 추워지면 밀크티 마시기에 좋은 계절이 된다. 밀크티Milk Tea는 홍차에 우유를 넣은 것이다. 10년 전쯤부터 우리나라에서 유행하기 시작해서 지난 몇 년 간 계속해서 밀크티가 대유행이다. 영국인을 포함한 서양인들은 홍차를 마실 때 대부분 우유와 설탕을 넣는다. 진하게 우린 홍차에 취향에 따라 적당량의 우유(그리고 설탕도)를 첨가한다. 우리나라에서 커피를 마실 때 크림과 설탕을 넣는 것과 마찬가지다. 그리고 영국에서는 밀크티라는 용어를 잘 쓰지 않는다. 거의 대부분의 음용자가 우유와 설탕을 넣기 때문이다.

그런데 지금 유행하는 밀크티는 영국식이 아니라 소위 '로열 밀크티'라는 것이다. 로열 밀크티Royal Milk Tea는 일본에서 처음 개발된 새로운 종류의 음료다. 교토에 있는 립턴Lipton이라는 홍차 숍이 1965년에 개발했다고 알려져 있다. 립턴 숍은 1930년에 오픈해서 현재도 교토에 3개 매장이 있다.

밀크티와 로열 밀크티의 차이점은 만드는 방법에 있다. 영국식 밀크티는 '우려낸' 홍차에 우유를 넣는다. 반면 로열 밀크티는 밀크 팬 같은 용기에 우유와 홍차 잎을 넣고 불

홍차에 우유를 넣는 밀크티.

위에서 같이 '끓이면서' 그 과정에 차가 우려져 나오게 하는 것이다. 물론 로열 밀크티 만드는 방법에 합의된 레시피가 있는 것은 아니다. 처음엔 물과 홍차 잎을 함께 끓이면서 차가 어느 정도 우려져 나온 후 우유를 넣어 좀 더 끓이는(혹은 끓기 직전까지) 방법도 매우 일반적이다.

끓여서 아주 진하게 우려져 나온 홍차에 우유와 설탕이 조화된 이 맛이 이국적이고 색다른 느낌을 준다. 이것을 차갑게 마시면 아이스 밀크티가 된다.

그렇지만 밀크티 혹은 로열 밀크티는 홍차 본연의 맛과 향을 알 수 있는 음료는 아니다. 다만 로열 밀크티를 통해 홍차의 맛과 향을 간접적으로 알게 되고 익숙해지는 것은 긍정적인 측면이기도 하다. 로열 밀크티를 계속 마시다보면 언젠가는 진짜 홍차의 맛과 향이 궁금해지기도 할 것이기 때문이다.

우리나라는 커피공화국이라고 한다. 국가별 원두 소비량으로 보면 세계 12위권이고, 연간 일인당 음용량 기준으로는 세계 11위권이다. 이런 데이터가 아니더라도 내가 생활하는 홍대 지하철역 인근은 그야말로 수많은 커피전문점의 각축장이다.

오늘날 우리나라 커피 시장이 이렇게 크고 고급화된 데는 믹스커피의 공헌이 크다. 인스턴트커피에 설탕과 분말 커피크림을 적절하게 배합하여 1회분으로 편리하고도 아주 맛있게 만든 것이 믹스커피다. 맛도 있고 마시기도 편리하니 마시는 양도 늘어났고 마시는 사람들도 증가했다. 그다음에 커피 자체의 맛과 향을 즐기고자 하는 고급화 단계가 온다. 지금 우리나라 커피 시장 모습이다. 따라서 지금 로열 밀크티를 마시는 젊은이들은 모두 다 미래의 차 음용 후보자들이다. 그래서 나는 로열 밀크티 유행을 매우 긍정적으로 보고 있다.

이와 더불어 지난 10여 년 동안 우리나라 차 음용인구 역시 크게 증가했다. 특히 차 마시는 젊은이들이 많아졌다. 이들은 녹차, 홍차, 우롱차, 보이차 등 다양한 차를 즐긴다. 하지만 차 음용인구가 더 늘어나고 차 시장이 더욱 더 성장하기 위해서는 걸림돌 하나를 없애야 한다. 비싼 차 가격이다. 차는 기호음료다. 일상적 기호음료는 가격이 저렴해야 한다.

따라서 차 음용인구가 많은 중국, 인도, 터키, 영국 등에서 판매되는 차 가격은 매우 낮다. 영국인들이 가장 즐겨 마시는 홍차티백의 개당 가격이 50~60원 수준이다. 우리나라에서 판매되는 가장 대표적인 믹스커피의 개당 가격도 120원 전후다.

그런데 현재 수입되어 판매되는 (거의 모든) 홍차 가격은 현지 가격과 비교하면 엄청나게 비싸다(물론 다른 종류 차들도 비싸기는 마찬가지다). 최소 2배에서 심지어 3~4배까지 높다. 수입된 홍차 가격이 이렇게 비싼 이유 중 하나는 수입관세 때문이다. 홍차에는 40퍼센트 관세가 부과된다. 커피는 생두 기본세율이 2퍼센트, 볶은 원두가 8퍼센트에 불과하다. 같은 기호음료임에도 홍차에는 터무니없이 높은 관세가 붙어 있는 것을 알 수 있다.

정부 정책 목적은 정확히 알 수 없지만 차 애호가들 사이에서는 국내 녹차산업을 보호하기 위한 것이라고 알려져 있다. 홍차도 다류茶類로 분류하여 녹차의 경쟁제품으로 보고 있는 것 같다. 따라서 직접 경쟁이 되는 녹차는 513.6퍼센트라는 아주 높은 수입관세가 붙는다.

녹차의 경쟁 제품은 홍차를 포함한 다른 종류 차가 아니다. 경쟁관계로만 여긴다면 시장을 너무 좁게 보고 있기 때문이다.

커피 마시는 사람이 녹차 마실 가능성보다는 홍차 마시는 사람이 녹차 마실 가능성이 더 크다. 이건 10년 이상 차를 공부하고 차를 교육하고 차를 마시면서 내가 직접 경험한

Milk Tea
Original
Earl Grey
Chocolate
Special
milk tea

사실이다. 차를 마시고 차를 좋아하는 사람은 녹차도 마시고 홍차도 마시고 우롱차도 마신다. 홍차를 통해 차를 처음 접한 사람도 시간이 지나면서 녹차를 포함한 다른 차에도 관심을 가진다. 이건 모든 차 경우에 다 해당된다. 처음 마시기 시작한 차가 어떤 종류든 상관없이 자연스럽게 나머지 차에도 관심을 보이게 된다. 오히려 커피를 주로 마시는 사람이나 차를 전혀 접해보지 않은 사람은 막연하게나마 차에 거리감을 느낀다.

따라서 홍차(혹은 다른 차들을)를 녹차의 경쟁 상대로 생각하고 처음부터 마실 기회를 빼앗거나 막게 되면 미래의 녹차 음용자가 될 수 있는 후보자들을 막는 것과 같다.

모든 종류 차에 종사하는 분들은 서로를 경쟁자로 여기지 말고 오히려 힘을 합해 커피나 탄산음료, 주스, 술 같은 경쟁음료로부터 음용자들을 빼앗아와야 한다. 혹은 차에 관심 없는 사람들이 차에 관심을 갖도록 노력해야 한다. 그래서 우선은 차 마시는 인구를 늘려야 한다. 차 시장이라는 전체 파이를 키워야 녹차 시장도 커지고 홍차 시장도 커지고 다른 차 시장도 클 수 있다. 녹차와 홍차는 경쟁이 아니라 서로 도울 수 있는 보완관계에 있다는 것을 꼭 기억해야 한다.

4장

24 좋은 홍차란 어떤 것인가

어떤 차가 좋은 차인가? 쉽게 떠오르는 답은 맛과 향이 좋은 차다. 그러면 맛과 향이 좋으면 다 좋은 차인가?

가령 녹차를 구입할 때는 녹차의 맛과 향을 기대하고 구입한다. 그런데 구입한 녹차를 우렸더니 홍차의 맛과 향이 난다. 그것도 아주 훌륭한 맛과 향이다. 이건 좋은 녹차인가? 다르질링을 구입할 때는 다르질링 홍차의 맛과 향을 기대한다. 그런데 구입한 다르질링에서 아삼 홍차의 맛과 향이 난다. 그것도 아주 훌륭한 맛과 향이다. 이건 좋은 다르질링 홍차인가?

마른 찻잎에 펄펄 끓인 뜨거운 물을 부으면 찻잎 속 성분이 추출되어 나온다. 맛과 향의 차별성은 이 성분의 차별성이다. 이 성분에 영향을 미치는 요소가 바로 품종과 테루아, 가공법이다. 이 세 요소가 생 찻잎과 완성된 찻잎 속의 성분 구성비에 영향을 미친다. 차나무 싹과 잎 속에 들어 있는 성분 구성은 대부분 비슷하다. 하지만 차나무 품종에 따라서 어떤 성분이 좀 더 들어 있고 덜 들어 있을 수는 있다. 일본에서 재배되는 차나무의 75퍼센트 정도를 차지하는 야부기타 품종은 다른 품종에 비해 아미노산 성분이 더 많다. 이 아미노산 성분이 일본인이 좋아하는 감칠맛을 낸다. 같은 품종이라도 재배되는 자연환경에 따라서 성분 구성비가

일본 야부기타 품종. 1953년 새 품종으로 정식 등록되었다.

달라진다. 일조량의 많고 적음, 일교차 정도, 고도, 재배 지역의 습도 등이 찻잎 성분에 영향을 미치게 된다. 가공법 역시 영향을 미친다. 녹차는 살청을 솥에서 하는지, 뜨거운 증기로 하는지에 따라서, 홍차는 위조를 길게 하는지 짧게 하는지, 산화를 길게 하는지 짧게 하는지 등에 따라서 완성된 찻잎 속에 든 성분 구성비에 변화가 생기게 된다.

다르질링 홍차는 아삼 홍차와는 다른 맛과 향의 특징이 있다. 이것은 다르질링 홍차를 만드는 차나무 품종, 다르질링 지역 테루아, 다르질링 홍차 특유의 가공법 영향으로 형성된 성분들의 독특한 구성이, 완성된 다르질링 홍차 찻잎 속에 들어 있다는 뜻이다.

따라서 좋은 차란 품종·지역·가공법의 차이가 주는 맛과 향의 미묘한 차이를 찻잎 속에 잘 함유하고 있어야 한다. 즉 특정의 차가 갖고 있는(혹은 갖고 있어야만 하는) 고유한 특성 혹은 개성을 잘 발현시키는 것이 좋은 차다. 물론 맛과 향도 당연히 좋아야 한다.

"한 잔의 차는 단지 한 잔의 차가 아니다. 우려진 찻잎의 일생을 말하고 있다." 내가 좋아하는 문구다. 결코 시적인 표현만은 아니다. 내 손에 들고 있는 한 잔의 좋은 차는 정성들여 재배한 좋은 찻잎으로, 공들여 가공해서, 잘 보관해서 내 손까지 들어오게 된 것이다. 매 단계마다 누군가는 이 차에 정성을 쏟았다는 의미다.

이 좋은 차를 손에 넣은 내가 할 수 있고 잘 해야만 하는 것이 이 찻잎이 품고 있는 성분을 물속에 잘 우려내는 행위다. 아무리 좋은 차라도 마지막 단계인 우리는 과정에서 잘못하면 그 가치를 제대로 즐기지 못하게 된다. 차 우리는 법을 제대로 알아야 하는 이유가 여기에 있다.

25 차의 맛과 향에 대한 오해 :무스카텔 향을 중심으로

배우들이 보통 사람들보다 더 예쁘고 더 잘 생긴 건 맞다. 그럼에도 그 이미지는 다소 연출된 것이기도 하다. 대중에게 노출될 때는 전문가들의 도움을 받아 메이크업을 하고 옷도 잘 어울리도록 입었을 것이다. 즉 우리가 배우에 대해 갖고 있는 이미지는 그들의 가장 멋진 모습이다. 그들의 일상은 이미지와는 다를 가능성이 많다.

동해바다 일출은 누구나 보고 싶어 한다. 하지만 막상 가보면 아름다운 일출은 보기가 매우 어렵다. 사진으로 보는 설악산 가을 단풍의 아름다운 모습도 가장 아름다운 순간을 포착한 풍경이다. 하지만 우리는 가을 설악산이 항상 그렇게 아름다울 것이라고 상상한다.

차 마시는 사람들은 차에 대해서도 이와 비슷한 기대와 상상을 한다. 널리 알려진 유명한 차의 맛과 향에 관해서는 어느 정도 일반화된 묘사들이 있다. 하지만 이 표현들은 해당 차가 최상의 상태일 때를 묘사한 것이다. 게다가 이런 최고 품질 차는 해당 차 생산량의 일부분에 불과하다. 생산량이 적다보니 당연히 가격도 비쌀 수밖에 없고 경우에 따라서는 가격을 떠나 구하기가 어려울 수도 있다.

그럼에도 대부분의 애호가들은 특정 차를 마실 때면 거의 항상 최고 품질에서나 느낄 수 있는 '그 맛과 향'을 찾으려

한다. 따라서 실망할 가능성도 높다.

범위를 좁혀 비교적 친숙한 다르질링 홍차에 관해서 알아보자. 다르질링 홍차의 연간 생산량은 7000톤 전후이고 이중 우리가 관심을 가지는 퍼스트 플러시와 세컨드 플러시 물량은 합해서 40퍼센트 정도로 약 2800톤 수준이다. 세컨드 플러시 생산량이 조금 더 많으니 FF를 1300톤, SF를 1500톤 정도로 보자. 매년 생산되는 FF 물량 중 "가벼운 바디감, 꽃향, 신선함, 달콤함과 기분 좋은 뒷맛" 등으로 묘사되는 FF의 대표적인 맛과 향을 최상의 상태로 가지고 있는 최고등급 FF는 얼마나 될까?

다르질링 SF의 대표 향으로 널리 알려진 것이 무스카텔Muscatel 향이다. 하지만 모든 다르질링 SF에서 무스카텔 향이 나지는 않는다. 내가 가지고 있는 자료에 따라 계산해보면 전체 1500톤의 5퍼센트 수준인 75톤 정도에서 무스카텔 향이 나는 것으로 추정된다. 그런데 SF의 대표 향으로 무스카텔 향이 워낙 유명하다보니, SF 전체에서 향이 나는 것처럼 알려져 있고 생산자나 판매자들이 굳이 이를 부정하지도 않는다. 비즈니스를 하는 그들로서는 소비자들이 그렇게 알고 있는 게 판매에 유리하기 때문이다.

심지어 이제는 다르질링의 모든 홍차에서 무스카텔 향이 난다고 오해하는 사람들도 있다. 무스카텔 향은 세컨드 플러시의 대표적인 향이다. 퍼스트 플러시에서 무스카텔 향이 날 수도 있지만, 그것은 해당 퍼스트 플러시의 특수한 경우다. 결코 퍼스트 플러시의 대표 향이 무스카텔 향이라고 말할

다르질링 SF에서 동방미인과 무이암차의 맛과 향을 느낄 수 있다.

수는 없다. 그리고 이런 오해가 생기는 이유는 무스카텔 향이 무엇인지 잘 모르기 때문이기도 하다.

무스카텔 향의 정체에 대해서 다양한 의견이 있지만 가장 손쉽게 알 수 있는 방법은 타이완 우롱차 동방미인과 함께 마셔보는 것이다. 만일 자신이 마시는 세컨드 플러시에서 동방미인의 대표 향인 복숭아와 꿀이 조화된 맛과 향이 느껴진다면 그것이 바로 무스카텔 향이다.

이는 동방미인의 독특한 향과 다르질링 SF의 무스카텔 향을 만들어내는 요인이 동일하게 소록엽선이라고 알려진 날벌레이기 때문이다. 무스카텔 향이 나는 SF가 생산량의 5퍼센트 정도에 그친다면 비싸고 구하기도 쉽지 않을 것이다.

다르질링 홍차를 예로 들었지만 다른 차들도 마찬가지다.

평범한 수준의 차를 마실 기회가 더 많은 우리로서는 마실 때마다 (지식으로 알고 있는) 최고 품질의 맛과 향을 기대한다면 실망하게 된다. 여기에 맛과 향의 모호성과 사람들 간의 인지적 차이가 더해져 많은 오해와 전설이 만들어지게 된다.

종종 어떤 차에서 어떤 맛과 향이 나야 한다는 강박감으로 억지로 느끼려 애쓰고, 또 향이 나는 것으로 믿는 경우가 있다. 더구나 여럿이서 같이 마시는 자리에서는 이런 현상이 더 심해질 수도 있다. 누군가가 먼저 향이 난다고 말해버리면 자기는 느끼지 못하면서도 동의해야 할 것 같은 분위기에 휩쓸리게 된다.

다시 다르질링 SF로 돌아가면 무스카텔 향은 여러 가지 향 중 하나일 뿐이다. 이 향 말고도 다르질링 지역 테루아를 반영한 다른 매력적인 향(그중 하나가 무이암차 향)도 들어 있다. 무스카텔 향이 그리 강하지 않으면서도 복합적이고 균형 잡힌 풍성함을 지닌 SF도 많다.

널리 알려진 대표적인 맛과 향 외에도 좋은 차는 또 다른 매력이 있다. 어떤 차에서 특정의 맛과 향만 난다면 오히려 좋다고 말할 수 없을지도 모른다. 차의 맛과 향은 아직 다 밝혀지지 않은 다양한 성분과 변수의 조화이기 때문이다.

그리고 맛과 향에 대한 선호는 개인마다 다르다. 따라서 같은 차를 좋아하는 이유도 다 다를 수밖에 없다. 나지도 않는 맛과 향을 억지로 찾지 말고 다양한 차에서 자신만의 맛과 향을 찾으면 된다. 차 애호가들은 차의 맛과 향에 솔직해져야 한다.

26 유통기한, 소비기한, 상미기간

이 주제에 관련해서는 먼저 용어 정리가 필요하다.
'유통기한'은 생산자나 판매자 측에서 소비자에게 판매해도 되는 최종 시한을 말한다. 구입한 소비자가 해당 제품을 소비하는 데 소요되는 시간도 고려해야 하기에 대부분의 식품은 유통기한이 지나도 먹을 수 있다. 그래서 유통기한과 별개로 먹어도 안전하다고 판단되는 '소비기한'이라는 개념도 있다. 논리적으로 소비기한은 유통기한보다 길다. 여기에 더하여 '상미기간'이라는 개념도 있다. 해당 식품이 가장 맛있는 기간을 의미한다. 굳이 순서를 정하자면 상미기간은 소비기한보다 짧은 편이다.

서양에서 판매하는 차의 패키지에는 보통 BB 혹은 BBE라는 단어와 함께 날짜가 적혀 있다. Best Before 혹은 Best Before End(date)의 약자로 적혀 있는 날짜 이전이 가장 맛있다는 의미다. 앞의 세 개념 중에는 상미기간과 가장 가깝다. 우리나라에서 판매하는 차에도 '품질유지기한'이라고 적혀 있는 경우도 있다. 역시 상미기간 개념이다.

그러면 차에도 상미기간이 있을까? 당연히 있다. 그러면 소비기한도 있을까? 사실 음용자들의 관심은 이 소비기한일 가능성이 많다. 즉 구입한 후 얼마나 지나면 마시지 말아야 하는지 혹은 오래된 차를 마시면 몸에 해롭지 않을지 하는 궁금함이다.

상미기간과 소비기한 두 문제로 나눠서 알아보자.

모든 차(즉 6대 다류)에 상미기간이 있지만 차마다 기간이 다르다. 어떤 차가 상미기간이 짧고 어떤 차가 상미기간이 길까? 6대 다류의 가공법 차이에서 가장 핵심은 산화 여부와 산화 정도다.

일반적으로 산화가 많이 된 차는 상미기간이 길고 산화를 적게 시킨 차는 상미기간이 짧다. 따라서 비산화차인 녹차는 완전산화차인 홍차보다 상미기간이 짧은 편이다. 다만 녹차도 보통 어느 정도는 산화가 되고 홍차도 항상 100퍼센트 산화되는 것은 아니라는 걸 감안해야 한다.

산화를 적게 시킨 녹차나 산화를 많이 시킨 홍차는 시간이 지나면서 품질이 떨어지는 현상은 동일하다. 다만 산화 정도에 따라 속도가 다를 뿐이다.

그리고 시간이 지나면서 품질이 떨어지는 건 맞지만 어떻게 보관하느냐에 따라서 속도에 큰 영향을 미친다. 차에 해로운 요소는 습기, 산소, 냄새, 빛이다. 따라서 불투명한 용기에 넣어 잘 밀폐해서 보관해야 한다. 차를 냉장고에 보관하는 방법은 추천하지 않는다. 진공 밀폐해서 전용냉장고에 넣지 않는다면 맛과 향을 버릴 가능성이 더 높기 때문이다. 단기간에 소비하기에 양이 좀 많은 경우는 차라리 은박봉투 같은 것에 넣어 실링Sealing(밀봉)하는 방법을 추천한다.

이처럼 보관법이 품질에 큰 영향을 미치기에 구입한 차

패키지에 적혀 있는 상미기간 날짜는 그렇게 중요하지 않을 수 있다. 여기까지가 첫 번째 질문인 상미기간에 대한 답이다.

식품으로서 차의 특징 중 하나는 상당히 오랜 시간이 지나더라도 변질하거나 상하지 않는 점이다. 건조 상태만 잘 유지된다면 아무리 오래되어도 곰팡이가 피거나 부패하지는 않는다. 따라서 오래된 차를 마신다고 해도 몸에 해롭지는 않다. 다만 맛이 없어질 뿐이다. 그 증거로 보이차를 들 수 있다.

6대 다류 중 보이차(흑차)는 일반적으로 시간이 경과할수록 맛과 향이 더 좋아진다고 알려져 있다. 맛과 향이 좋아진다기보다는 새로운 맛과 향이 발현된다고 하는 것이 더 정확한 표현이다. 그리고 이 새롭게 발현된 향이 다른 종류 차들과는 달리 음용자들에게 선호된다. 물론 모든 보이차가 그런 것은 아니고 좋은 찻잎으로 잘 만든 보이차가 그렇다. 어쨌거나 보이차 역시 차나무의 싹이나 잎으로 만든다는 면에서는 다른 모든 차와 동일하다. 그런데 보이차의 아주 큰 특징은 다른 차 종류와 달리 시간이 지나면서 음용자들이 선호하는 맛과 향이 생겨나는데 있다. 물론 무한정은 아니다. 어느 시점이 되면 결국엔 맛과 향이 떨어질 수밖에 없다. 하지만 그 어느 시점이 상당히 긴 시간일 수는 있다.

게다가 근래 들어서는 일부 백차, 우롱차 등도 시간이 경과하면 또 다른 특성이(일반적으로 긍정적인) 발현된다는 주장도 많다.

따라서 그 시점이 지나면 몸에 해로울지도 모를 '차의

수강생들에게 홍차 우려내는 법을 비교해서 보여주는 저자.

소비기한'은 없다고 할 수 있다. 언제 구입했고 시간이 얼마나 지났는지가 중요한 것이 아니라 맛과 향이 여전한가 아닌가에 따라 마실지 말지를 결정하면 된다.

하지만 해롭지는 않더라도 오래되어 기분이 개운치 않으면 마시는 방법을 바꿔보는 것도 좋다. 나는 오래되어 맛이 없어진 차 중 산화가 약하게 된 녹차, 황차, 다르질링 퍼스트 플러시, 우롱차(철관음, 아리산 우롱 등) 등은 냉침을 한다. 상온의 물에 찻잎을 조금 넉넉하게 넣고(100밀리리터당 1.5~2그램) 한두 시간 후(여름은 좀 짧게 겨울은 좀 길게) 찻잎을 넣은 채로 냉장고에 넣는다. 10시간 전후로 뒀다가 차갑게 마시면 아이스티로도 좋고, 다시 데워 마시면 핫 티로도 맛이 훨씬 좋아진다. 오래된 차가 아니더라도 맛이 없는 차일 경우

이 방법을 사용해보기를 추천한다.

가향차는 베이스 차에 관계없이 맛과 향이 나빠지는 속도가 상대적으로 좀 빠르다. 더해진 맛과 향이 약해지는 것도 이유가 되고 어떤 경우는 변질도 된다. 더해진 맛과 향은 차와는 다른 속성을 가지기 때문이다. 오래된 가향차는 마시지 않는 것이 좋다.

27 왜 시간이 지나면 차의 맛과 향이 나빠질까

대부분의 차는 갓 만든 햇차가 맛과 향이 가장 신선하며 훌륭하다. 시간이 지날수록 맛과 향이 떨어진다.

여기서 '시간'은 산소와 접촉하는 시간을 의미한다. 결국 차의 맛과 향이 떨어지는 주요한 원인은 산소 때문이다. 따라서 찻잎이 산소에 많이 노출될수록 품질 저하 속도는 빨라지고 그 반대면 느려진다. 그래서 차를 공기가 통하지 않는 밀폐용기에 보관하는 이유이기도 하다.

그리고 차 품질이 산소로 인해 떨어지는 현상을 찻잎이 산화酸化되기 때문이라고 말할 수 있다. 차 가공과정에서 일어나는 산화는 엄밀히 말하면 '효소산화酵素酸化'다. 즉 위조, 유념 등으로 인하여 변화된 조건에서 찻잎 속에 들어 있는 폴리페놀 산화효소가 함께 들어 있는 폴리페놀(즉 카데킨)을 산화시키는 것을 가리킨다. 사실 산소가 카데킨을 산화시키고 효소가 돕는다고 하는 표현이 더 정확하다.

따라서 고온의 살청 과정을 통해 찻잎 속에 들어 있는 폴리페놀 산화효소가 불활성화되어(효소는 단백질로 구성되어 열에 약하다) 전혀 작용하지 않은 차가 비산화차인 녹차다. 반면 이 폴리페놀 산화효소가 충분히 작용하여 만들어진 차가 완전산화차인 홍차다.

반면에 시간이 지남에 따라 차의 맛과 향을 떨어뜨리는

홍차 가공 과정에서는 효소 산화로 인해 생 찻잎이 짙은 갈색으로 변한다.

산화는 이 같은 효소가 개입되지 않는, 순전히 산소 영향만으로 일어나는 '비효소산화非酵素酸化'다. 이런 의미에서 자연산화 혹은 자동산화라고도 한다.

결국 생 찻잎을 홍차로 만드는 주 요인이 산화이며, 이렇게 완성된 홍차가 시간이 지나면서 맛과 향이 떨어지는 요인도 산화다. 산소가 결정적 역할을 하는 측면에서 보면 동일한 산화작용인데 전혀 다른 결과를 가져오는 원인은 효소의 개입 여부와 시간이라는 변수 때문이다.

효소는 촉매제 기능이 있다. 즉 효소가 없어도 어떤 특정한 두 물질 상호간에 반응은 일어나지만, 이 효소가 개입하면서 그 반응을 왕성하게 하고 촉진시킨다.

홍차 가공 과정에 대입시켜보면 폴리페놀 산화효소 없이 산소만으로도 폴리페놀(카데킨)은 산화된다. 그런데 시간이 아주 오래 걸린다. 시험을 볼 때는 문제를 주어진 시간 안에 풀어야 의미가 있다. 주어진 60분 안에 아는 답을 다 적어야 100점이다. 비록 답을 다 알고 있다 하더라도 절반만 풀었다면 50점이고 불합격이다.

완전산화차인 홍차가 되기 위해서는 유념 후 찻잎 속 카데킨이 (인도, 스리랑카의 정통 홍차 기준으로) 보통은 2~3시간 안에 효소 작용으로 산화가 완성되어야 한다. 효소가 작용하지 않더라도 "긴 시간"이 흐르면 이론적으로 산화가 100퍼센트에 이를 수 있겠지만 그렇게 된 것은 이미 차일 수도 차가 아닐 수도 있는 것이다.

생 찻잎에는 카데킨 외에도 많은 성분이 있고 긴 시간이 흐르는 동안 산소뿐만 아니라 미생물까지 더해져서 카데킨을 포함한 이 모든 성분에 다 영향(대체로는 부정적)을 미친다.

하지만 2~3시간 정도로는 산소가 다른 성분들에게 아주 미미한 영향만을 미친다. 반면에 폴리페놀(카데킨)만은 폴리페놀 산화효소의 촉매작용으로 인해 전혀 다른 성분(즉 테아플라빈, 테아루비긴)으로 전환될 수 있고 따라서 홍차로 만들어진다.

이것이 효소의 촉매 역할이고 따라서 홍차는 완전(효소)산화차라고 분류된다. 효소 또한 수많은 종류가 있고 찻잎 속에도 다양한 효소가 들어 있다. 그런데 특정한 효소는 특정한 성분에만 반응하는 속성이 있다. 이 속성으로 인해 폴리페놀 산화효소는 폴리페놀 성분에만 반응한다. 그리고 차를 만드는 과정에서는 이 반응이 가장 큰 역할을 한다.

대부분의 차는 마지막 단계로 고온 건조 과정을 거치면서 완성된다. 따라서 열에 약한 효소의 속성상 완성된 차에는 활성화된 효소는 남아 있지 않다. 녹차는 살청 과정에서 이미 불활성화되었지만, 가공 과정에서 효소를 활용한 홍차조차도 마지막 건조 과정에서는 남아 있는 효소가 모두 다 불활성화된다. 다른 차들도 마찬가지다. 다만 보이차에 대해서는 이와 다른 주장도 있다.

따라서 완성된 차의 품질이 나빠지는 원인은 순전히 산소에 의한 비효소산화로 인한 것이다.

촉매제인 효소가 없는 환경에서는 산화가 긴 시간 동안 천천히 진행된다. 그리고 이 조건에서는 산소가 찻잎 속 모든 성분에 영향을 미친다. 폴리페놀(녹차는 카테킨, 홍차는 테아플라빈/테아루비긴), 아미노산, 지방, 색소, 향기 성분 등이 산소의 부정적인 영향을 받는다. 그러면서 차 품질이 떨어진다.

물론 비효소산화 작용 속도에 영향을 미치는 변수도 있는데 바로 온도와 습도다. 온도와 습도는 비효소산화 뿐만 아니라 효소산화에도 영향을 미친다. 둘 다 온도와 습도가 높을수록 빨리 진행된다. 온도와 습도가 높을 경우 차 품질이 더 빨리 떨어짐을 대부분의 애호가들은 경험으로도 알고 있다 따라서 차는 밀폐용기에 넣어서 건조하고 서늘한 곳에 보관하는 것이 좋다. 산소를 제거한 진공포장으로 전용 냉장고나 냉동고에 보관하는 방법이 최선이다.

차 꽃은 가을에 핀다. 열매도 함께 맺어 실화상봉수實花相逢樹라고 부른다.

28 차의 건강상 장점

차는 건강음료로 알려져 있다. 차를 처음 마셨다고 전해지는 신농에 관한 전설도 독초를 먹고 중독되자 차를 마시고 나았다는 내용이다. 그래서인지 중국에서도 당나라 초만 하더라도 주로 약리적 효능이 중시되었다. 차가 일본에 처음 소개되었을 때도, 유럽에 처음 갔을 때도 약리적 효능이 더 중시되었다. 다산 정약용도 체기를 내리기 위한 약으로 차를 주로 마셨다. 차가 몸에 이롭다는 다양한 연구 발표가 지금도 계속되고 있다.

콜레스테롤 수치를 낮춘다. 비만과 당뇨 예방 효과가 있다. 동맥경화와 심장질환 예방효과가 있다. 암과 심장병에도 좋다. 항바이러스 효과가 있다. 항염증 효과가 있다 등 다양한 건강상의 장점들이 포함된다. 이게 다 사실이라면 한 마디로 만병통치약이라고 할 수 있지만 구체적이고 과학적인 검증에는 아마도 시간이 좀 더 걸릴 것이다.

어쨌거나 차가 건강에 좋다면, 그 이유는 차 속에 들어 있는 성분들 때문이다. 차에는 다양한 성분이 많지만 가장 중요하게는 카페인, 폴리페놀(카데킨), 테아닌 세 가지를 꼽는다. 카페인은 건강보다는 각성, 피로회복 등 기능적인 측면이 더 중시된다.

차가 몸에 좋다는 주장의 대부분은 폴리페놀 즉 카데킨과

찻잎에는 강력한 항산화 작용을 하는 카데킨 성분과
감칠맛을 내고 집중력을 강화하는 테아닌 성분이 들어 있다.

관련되어 있다. 폴리페놀은 커피, 와인, 카카오, 사과, 콩 등 거의 모든 식물에 들어 있는 성분으로 수천 가지의 형태, 이름으로 존재한다. 차에도 다양한 폴리페놀이 들어 있지만 거의 대부분을 차지하는 것이 카데킨이다.

이 폴리페놀(카데킨)은 항산화 효능으로 널리 알려져 있다. 항산화는 산화를 억제한다는 뜻이다. 세포의 산화는 세포의 노화를 의미한다. 호흡으로 몸에 들어온 산소와 섭취한 영양분은 미토콘드리아에서 생명 유지에 필요한 에너지로 전환되지만 부산물로 활성산소(유해산소)를 만든다. 적당량의 활성산소는 유익한 역할도 하지만 지나치면 노화나 질병을 일으킨다. 따라서 과다하게 생긴 활성산소를 제거해야 세포의 노화·산화를 막을 수 있다. 폴리페놀에는 활성산소를 제거할 수 있는 항산화 기능이 있다.

이런 기능을 가진 대표적인 폴리페놀로 커피의 클로로겐산, 포도의 레스페라트롤, 베리류 과일의 안토시아닌, 콩의 이소플라본 등이 있다. 최근에 유행한 카카오나무 콩으로 만든 카카오 닙스는 차와 동일한 카데킨 성분이 있다. 차 연구자들은 카데킨이 폴리페놀 중에서도 비교적 강력한 항산화 역할을 한다고 주장한다.

차의 또 다른 장점은 테아닌이 많다는 것이다. 차에는 다양한 아미노산이 있는데 약 60퍼센트 정도가 테아닌이다. 테아닌은 녹차(특히 일본 녹차)에 있어 매우 중요한 감칠맛을 내게 하는 주요 성분이다. 기능적 측면에서는 신경전달물질로 인지능력 향상, 집중력 강화에 효능이 있다. 그러면서도 긴장 완화를 통해 몸과 마음에 여유를 주는 장점도 있다. 커피 카페인과 차 카페인이 성분상 거의 같아도 차 카페인이 몸에 부드럽게 작용하는 까닭은 바로 테아닌 덕분이다. 이 테아닌을 주원료로 하는 기능식품이나 음료도 판매되고 있다.

차는 특히 공부하는 학생들이 마셔야 한다. 지속적으로 머리를 맑게 해주기 때문이다. 이건 10년 이상 차를 매일 많이 마셔온 나의 개인적인 경험에 따른 말이기도 하다.

차의 건강상 효능은 6대 다류가 거의 비슷하다. 모든 차가 차나무의 싹이나 잎으로 만들기 때문이다. 따라서 자신의 기호에 맞는 차를 마시면 된다.

요즘 화두인 전염병을 예방하는 최선의 방법은 면역력을

높이는 것이다. 그래서 나는 평소에도 그랬지만 더 열심히 따뜻한 차를 마신다. 차가 코로나 예방에 좋다는 뜻이 아니다. 그건 알 수 없다. 하지만 충분한 수분을 섭취하고 마음을 편안하게 하는 것이 어떤 상황에서도 도움이 되는 것은 분명하다. 이 목적으로는 차에 비할 만한 음료는 없다.

차가 몸에 좋은 이유들을 정리하기는 했지만, 너무 건강적인 측면으로만 접근하지 않았으면 좋겠다. 기분도 좋게 하고 위안도 주는 음료인데 몸에도 좋다고 이해하는 게 현명한 태도다. 특히 요즘 같은 우울한 시기에는.

29 홍차에 카페인이 많다는 오해

홍차에 관한 억울한 오해 중 하나가 카페인이 많다는 잘못된 정보다. 녹차보다도 많고 심지어 커피보다도 카페인 함량이 높다고 아는 이도 꽤 있다.

일반적으로 한 잔의 홍차에 들어 있는 카페인 양은 같은 크기 잔에 들어 있는 커피 카페인의 30~40퍼센트에 불과하다. 홍차를 우려내는 방법(찻잎의 양, 시간 등)이나 커피의 종류(드립커피냐 믹스커피냐)에 따라서 다를 수도 있겠지만 대체적으로는 그렇다(영국의 실험 결과도 있다).

신체가 흡수하는 측면에서도 차이가 있다. 홍차에는 커피엔 없는 카데킨, 테아닌 같은 성분들이 있어 이들이 신체가 흡수하는 카페인 양을 줄여준다. 홍차 자체에 들어 있는 카페인 양도 적은데다가 음용했을 때 흡수조차도 일부만 된다는 뜻이다. 정말 중요한 점은 실제로 몸에 쌓이는 카페인 양이다. 이 관점이라면 홍차를 마셨을 때 흡수하는 양이 커피를 마셨을 때 흡수하는 양보다 훨씬 적다.

그렇다면 왜 홍차에 카페인이 더 많다고 알려졌을까?

마른 홍차 100그램과 원두 100그램의 카페인 함량을 측정하면 홍차 100그램에 더 많이 들어있는 것은 사실이다. 하지만 홍차 100그램으로는 40~50잔 정도를 우릴 수 있다. 반면에 원두 100그램으로는 10잔 전후로 나온다. 아마도 이런 정확하지 않은 비교가 오해를 일으킨 것 같다. 마시는 한 잔에 포함된 카페인 양을 비교해야 의미가 있다.

이제 녹차와 홍차 중에는 어느 것에 카페인 함량이 더 많은지 알아보자. 가장 현명한 답은 "알 수 없다"다. RTD일 경우 특정 회사 녹차와 특정 회사 홍차의 카페인 양은 비교할 수 있다. 완성된 제품이기에 실험실에서 측정하면 된다. 하지만 임의로 우린 한 잔의 녹차와 홍차의 카페인 양을 일반화해서 말하기에는 변수가 너무 많다.

채엽된 찻잎 속 카페인 양은 어떤 종류의 차로 가공하든 가공 단계에서는 함량이 변화하지는 않는다고 알려져 있다. 혹은 우려낸 수색이 녹차는 황록색으로 깔끔하고 홍차는 짙은 적색이어서 막연히 시각적으로 홍차가 많다고 단정할 수도 있다. 하지만 수색은 카페인 함량과는 전혀 상관이 없다.

반면 몇 가지 분명한 사실은 있다. 찻잎 중에서는 싹과 어린잎일수록 카페인 양이 더 많다. 따라서 홍차, 녹차가 중요한 게 아니고 싹과 어린잎이 많이 들어간 차일수록 카페인 양이 더 많은 건 확실하다. 홍차든 녹차든 고급 차에 대체로 싹과 어린잎이 많이 들어 있고 따라서 카페인 양이 더 많을 가능성이 높다.

게다가 차를 우려내는 물 온도도 카페인 추출에 영향을 미친다. 물 온도가 높을수록 카페인은 더 잘 추출된다. 차를 우리는 시간이 길수록 추출되는 카페인 양은 더 많아진다.

앞에서 한 설명은 차나무의 싹과 잎으로 만드는 모든 차에 다 해당된다. 게다가 차 종류에 따라서 적합한 물 온도,

6대 다류의 카페인 양을 비교하는 것은 수많은 변수 때문에 무의미하다.

우리는 시간 등을 포함하여 우리는 방법이 다 다르다. 따라서 한 잔의 차를 놓고 볼 때 6대 다류 중 어느 차가 특히 카페인이 더 많다, 적다고 말할 수 없다.

다만 차를 마셨을 때 커피보다는 훨씬 적은 카페인을 흡수하며, 다른 차에 비해 홍차가 카페인 함량이 더 높은 건 아니라는 사실만 기억하면 된다.

30 차와 커피: 내게 필요한 카페인은?

차는 칼로리 측면에서 볼 때 가성비가 떨어진다. 에너지를 내게 하는 성분은 거의 없다. 이 점에서는 커피도 비슷하다. 하지만 커피는 카페인 성분으로 인해 정신을 각성시키는 데 도움이 된다. 각성 효과 면에서는 차 카페인은 커피 카페인을 못 따라간다. 따라서 어차피 배는 고프고 정신이라도 차려서 일해야 할 때는 차보다는 커피가 낫다.

오랫동안, 영국인에게 홍차는 단순한 기호음료가 아니었다. 강하게 우린 홍차에 우유와 설탕을 듬뿍 넣어 영양과 칼로리 공급원이 되어줬다. 강하게 우렸으니 카페인도 많아 각성효과도 있었을 것이다. 영국뿐만 아니라 많은 나라에서 설탕과 우유 혹은 둘 중 하나는 반드시 넣는 편이다. 어느 정도는 칼로리 섭취도 한다는 의미다. 인도는 여기에 향신료까지 더한다.

우리나라에서는 커피크림과 설탕을 넣은 커피가 이 역할을 했다. 게다가 맛을 잘 조화시킨 믹스커피가 나오면서 커피 음용 인구는 급격히 늘어났다.

영국이든 한국이든 이 시절까지는 홍차와 커피 자체의 맛은 그리 중요하지 않았다. 어떤 홍차나 커피도 설탕과 우유(크림)로 인해 달콤하고 부드러워졌기 때문이다.

경제가 발전하고 소득이 늘어나면서 그리고 선진국으로의

커피는 날카롭게 정신을 깨우고, 차는 편안하게 정신을 맑게 한다.

해외여행을 통해 새로운 커피 문화를 접하면서 10여 년 전부터 두 가지 방향으로 변화가 일어났다. 커피를 매일 마시는 라이프스타일이 자리를 잡으면서 원두 자체의 맛과 향을 즐기고 싶어하는 흐름과 건강에 대한 우려로 설탕과 크림을 넣지 않으려는 움직임이다.

이유는 다르지만 결과는 같아서 고품질 커피에 대한 수요가 늘어났다. 이 과정이 지난 10여 년간 한국 커피의 발전 혹은 변화 트렌드다. 영국을 포함한 선진국 홍차 음용방식 변화 추세도 이와 같다. 지난 10여 년간 이들 국가에서도 고품질 홍차에 대한 수요가 늘어났다.

반면, 우리나라 홍차 애호가들은 녹차 영향으로 홍차에도 원래 우유와 설탕을 넣지 않았다. 이로 인해 소비량은 적지만 이미 고품질 홍차를 마셔왔다.

커피와 홍차의 카페인 역할을 좀 더 자세히 살펴보자. 커피 카페인이 각성 효과 측면에서만 보면 차 카페인보다 더 낫다고 했다. 커피와 차에 들어 있는 카페인은 99퍼센트 동일하다. 따라서 성분과 효능도 거의 같다. 다만 한 잔을 기준으로 차에는 커피보다 카페인이 적게 들어 있다. 게다가 차에는 카데킨, 테아닌 성분이 들어 있어 카페인의 인체 내 흡수를 줄여준다.

또 하나는 테아닌Theanine 영향이다. 아미노산 성분 중 하나인 테아닌은 지구상에 있는 그 어떤 식물보다 찻잎에 많이 들어 있다. 테아닌은 신경전달물질이며 인지능력 향상, 집중력 강화에 도움을 준다. 그리고 긴장 완화를 통해 몸과 마음에 여유를 준다. 따라서 차는 적은 양의 카페인이 주는 약한 긴장감과 테아닌이 주는 긴장 완화 효과가 알맞게 조화된다.

커피는 날카롭게 정신을 깨우고, 차는 편안하게 정신을 맑게 한다고 보면 되는 것이다.

31 차를 마시면 몸속 수분이 부족해진다?

어느 주요 일간지 건강 관련 기사에서 "커피, 홍차, 녹차 등과 같은 카페인 음료는 만성 탈수의 주범이다. 카페인은 이뇨작용을 촉진해 몸속 수분을 배출한다. 커피는 마신 양의 2배, 차는 1.5배 정도의 수분을 배출시킨다. 따라서 물을 수시로 마시지 않으면 몸속 수분을 과다하게 배출하게 된다"고 지적한 걸 보았다.

사실 우리는 다양한 경로를 통해 위와 비슷한 내용을 심심찮게 접한다. 그러다보니 이렇게 믿고 있는 사람이 꽤 많다. 나도 강의 시간에 자주 받는 질문 중 하나다.

주장의 핵심을 보자. 카페인이 이뇨작용을 촉진하고 따라서 카페인이 들어 있는 음료도 이뇨작용을 촉진한다는 것이다. 표준국어사전에는 이뇨利尿가 "소변을 잘 나오게 함"이라고 되어 있다. 그렇다면 이뇨작용 자체는 좋은 의미다. 문제는 마신 양보다 더 많은 수분을 배출시켜 몸 속 수분의 부족을 초래하고 밸런스를 해친다는 것이다.

카페인 자체의 이뇨작용 촉진 효과는 다양한 연구로 입증되었다. 하지만 카페인 음료는 그렇게 단순하게 작용하지는 않는다.

일상에서 카페인을 섭취하는 경우가 보통은 음료 형태인 것은 맞고 또 카페인이 들어 있는 대표적인 음료가 커피와

차 마시는 일상은 수분 섭취를 위한 최선의 방법 중 하나다.

차다. 그런데 같은 음료라도 카페인의 함량은 다 다르다. 같은 100밀리리터의 차라도 찻잎을 3그램 넣었을 때와 5그램 넣었을 때가 다르고 또 3분 우렸을 때와 5분 우렸을 때 추출되는 카페인 양은 다르다.

즉 차 100밀리리터에 카페인이 10밀리리터 들어 있을 수도 있고 20밀리리터 들어 있을 수도 있는데 그냥 뭉뚱그려 "커피는 마신 양의 2배, 차는 1.5배 수분을 배출시킨다"라고 말하는 것은 논리적이지 않다.

생수 500밀리리터에 미량의 카페인 농축물질을 넣으면 이 물은 카페인 음료가 된다. 내가 이 물 500밀리리터를 마시면

1.5~2배인 750밀리리터에서 1000밀리리터의 수분이 몸에서 배출돼 추가로 물을 따로 마셔줘야 한다는 주장은 경험상 매우 비현실적이다.

마른 찻잎에 뜨거운 물을 부으면 찻잎에서 카페인을 포함한 다양한 성분이 우려져 나온다. 우려져 나오는 성분 전체가 미량이고 카페인은 극미량이다. 그런데 갑자기 이 차 전체가 카페인 음료가 되어버려 내가 마신 차는 내 몸에 수분 공급 역할은 전혀 하지 못한다는 게 가능한 말일까?

2018년 3월 16일자 미국 『타임』지에는 「커피와 차는 실제로 탈수를 일으키지 않는다. 이유를 보자」라는 기사가 실렸다.

요약하면 다음과 같다. "차와 커피는 카페인으로 인해 아주 약한 이뇨작용 촉진효과가 있긴 하다. 하지만 차와 커피는 대부분 물로 이루어져 있어 마셨을 때 카페인으로 인해 배출되는 수분보다 더 많은 물을 흡수하게 된다. 결론은 차와 커피도 우리 몸에 수분을 공급하는 데 있어서는 물과 같은 역할을 한다."

즉, 100밀리리터 차에 10밀리리터의 카페인이 들어 있고, 이 카페인으로 인해 20밀리리터의 수분이 배출된다 하더라도 나머지 80밀리리터의 수분은 몸에 남는다. 차를 통해서도 수분 섭취 효과가 있다는 뜻이다.

2014년 4월 2일 영국 BBC 방송에서도 같은 주제를 다룬 적이 있다. 요약하면 다음과 같다. "카페인 자체는 탈수현상을 일으키지만 차와 커피 형태로 흡수되는 카페인 영향은 대부분 느끼지 못할 정도로 아주 미약한 정도에 불과하다. 그리고 실험을 위해 순수 물에 카페인을 넣은 경우와 차나 커피 형태로 카페인을 섭취했을 때 역시 차이가 있고, 차나 커피가 더욱더 미약했다. 이것으로 보아 차와 커피엔 카페인의 이뇨작용 촉진 효과를 상쇄시키는 성분이 들어 있다고 추측할 수 있다."

이럼에도 이 글 첫 머리에 인용한 기사 내용에 공감하는 분들이 있고 그것이 사실인 것처럼 계속 반복되는 데는 이유가 있다. 실제로 많은 이가 차나 커피를 마시면 화장실에 더 자주 간다고 느끼기 때문이다.

앞에서 인용한 BBC 방송에서는 이에 관해 다음과 같이 설명했다.

"커피나 차를 마셨을 때 화장실에 더 자주 간다고 느끼는 착각은 아무것도 마시지 않았을 때를 기준으로 하기 때문이다. 같은 자리에서 커피나 차를 마신 만큼 물을 마셨어도 비슷하게 화장실에 간다."

완벽한 설명이고 적극 동의한다. 일상에서 목이 마르지 않은 상태에서 한꺼번에 물을 두 잔, 세 잔 마시는 경우는 잘 없다. 하지만 차는 갈증과 관계없이 마시고 한 잔에 그치는 경우가 거의 없다. 즉 목이 말라 물을 마실 때는 내 몸에 이미 수분이 부족한 상태일 가능성이 많아 마신 물이 다 흡수되고, 차는 내 몸 수분 상태와 관계없이 마셔 수분을 추가로 더하는 효과를 가져올 수 있다. 이 추가로 더해진 수분을 배출하기 위해 화장실에 가는 것이다.

나는 지난 10여 년간 하루 평균 1.5~2리터의 홍차를 마셔왔다. 차를 이렇게 마시다보니 커피, 물을 포함한 다른 음료를 마실 기회가 없었다. 결국 지난 10년간 몸에 필요한 수분 거의 대부분을 차를 통해 흡수했다. 차 2리터를 마시면 물 2리터 이상을 추가로 마셔줘야 한다는 논리로는 나의 패턴을 도저히 설명할 수 없다.

차를 직접 우려보면 더 확실히 알 수 있다.

나는 400밀리리터 물에 2~3그램의 마른 홍차 잎을 넣고 우린다. 2~3그램이 고체 카페인 덩어리라면 모를까, 그 정도 양의 잎에서 추출되는 카페인 양은 아주 미미하다. 과학뿐만 아니라 경험적으로 보아도 차는 그냥 물이다.

백번 양보해서, 차가 이뇨작용을 촉진해 목이 마르게 되더라도 문제될 게 없다. 목마를 때마다 물이나 차를 더 마셔주면 된다. 많이 마시고 많이 배출하는 것은, 지나치지만 않다면 우리 몸의 신진대사에 도움이 돼 건강에도 좋다. 차는 물이다. 그것도 건강에 좋은 성분이 많이 들어 있는 물이다. 따라서 차 마시는 습관은 수분 섭취를 위한 최고의 방법 중 하나다.

5장

32 영국을 바꾼 포르투갈 공주

영국 홍차 역사 초기에 등장하는 주요 인물이 캐서린 브라간자Catherine of Braganza다. 포르투갈 공주로 1662년에 영국 왕 찰스 2세와 결혼했다. 공주는 영국으로 오면서 자신이 마실 차를 가져왔다. 아시아 무역을 일찍 시작한 포르투갈에서는 차를 마시는 관습이 있었고 공주 역시 자라면서 차를 즐겨 마셨다. 하지만 영국에는 이 무렵 차가 잘 알려져 있지 않았다. 왕비의 차 마시는 낯선 일상이 알려지면서부터 영국 귀족층에서 유행이 시작되었다. 여기까지는 홍차 애호가라면 대부분 알고 있는 내용이다

그런데 사실은 이뿐만이 아니다. 그 후에 전개된 영국 홍차 역사를 보면 캐서린 브라간자는 본인의 의지와는 무관하게 영국이 홍차의 나라가 되는 데 훨씬 더 큰 역할을 하게 된다.

1498년, 포르투갈 사람 바스코 다 가마가 아프리카 희망봉을 돌아서 인도 서해안에 도착했다.

바닷길로 아시아에 온 최초의 유럽인이었다. 새롭게 개척한 항로 덕분에 이후 16세기 거의 100년 동안 포르투갈은 아시아 바다에서 주도권을 쥐고 유럽과 아시아 간 무역을 독점하여 부를 축적했다.

포르투갈의 힘이 약해지기 시작한 16세기 말 영국과 네덜란드가 서로 경쟁하면서 아시아 바다로 진출했다.

1623년, 당시의 가장 중요한 무역품인 향신료의 주 생산지 몰루카 제도 암본섬에서 두 나라는 무력 충돌하게 된다. 여기서 승리하면서 네덜란드는 포르투갈을 이어 17세기 동아시아 바다에서 주도권을 잡게 되고 패배한 영국은 밀려나게 된다.

네덜란드가 아시아 바다에서 한창 전성기를 누렸던 17세기 중반, 포르투갈은 점점 더 세력을 잃어가고 영국은 동아시아 바다로 재진출하기 위한 교두보가 필요했다.

이런 배경에 따라 찰스 2세와 캐서린 브라간자의 결혼은 양국의 이해관계로 정해진 전형적인 정략결혼이었다.

캐서린 브라간자는 결혼 지참금으로 모로코의 항구 탕헤르, 인도 서해안의 항구도시 봄베이를 포함하여 상당한 부富를 가져온다. 그 대가로 포르투갈은 영국의 군사력(특히 해군) 지원을 받게 된다.

홍차와 관련하여 중요한 것은 봄베이(현재의 뭄바이) 항구다. 아시아 바다에서 거점이 되는 대부분의 항구는 네덜란드에게 빼앗겼지만, 고아Goa 지역을 중심으로 한 인도 서해안은 여전히 포르투갈 세력권이었다.

찰스 2세에게 봄베이 사용권을 빌린 영국 동인도회사는 이곳을 아시아 바다 탈환을 위한 거점으로 삼는다. 먼저 프랑스와 경쟁하면서 인도에서 서서히 영향력을 넓혀나가다가 18세기 중엽부터는 영국 동인도회사가 거의 배타적으로 인도를 지배하게 된다. 이 덕분에 거의 100년 후 19세기 중반부터 인도 동북 지역인 아삼은 영국을 위한 홍차

캐서린 브라간자.

생산기지가 될 수 있었다.

1664년 영국 동인도회사는 찰스 2세와 캐서린 왕비에게 차를 선물한다. 이 차는 네덜란드 상인에게서 구입했다. 즉 이 무렵만 해도 영국 동인도회사는 중국으로부터 직접 차를 수입하지 못하고 있었다.

1644년 청나라가 건국된 후에도 중국 남해안 지방을 중심으로 명나라 유민들의 반청운동이 상당 기간 지속되었다. 대표적 인물이 해적 왕으로 알려진 정성공이다. 반청 세력이 진압되고 자신감을 얻은 청나라는 혼란기 동안 모든 항구를 폐쇄했던 해금정책을 버리고 1684년 상하이, 광저우, 닝보, 샤먼 등 4개 항구를 개항한다. 이 직후인 1689년 봄베이를 거점삼아 아시아 바다에 접근하고 있던 영국 동인도회사는 아모이항(현재의 샤먼항)에서 처음으로 차를 직접 구입하게 된다. 이를 기화로 영국은 아시아 바다에서 영향력을 확대하면서 점차적으로 네덜란드를 제치고 차를 포함한 아시아 무역의 중심 세력으로 부상한다.

결과론적이지만 이 모든 것은 캐서린 브라간자가 지참금으로 봄베이 항구를 가져온 것에서 시작되었다고 볼 수 있다.

독실한 가톨릭 신자였던 캐서린 공주의 신앙 자유는 결혼 조건 중 하나였다. 하지만 왕비가 된 후에도 성공회가 국교인 영국에서 종교 문제를 포함한 정치 문제 등으로 많은 어려움을 겪었다. 게다가 세 번의 유산 끝에 후계자가 될 아기를 낳지 못할 것으로 판명나자 결국 반대파들은 이혼을 요구했다. 하지만 찰스 2세는 거부했다. 비록 정략결혼이었고 복잡한 여성 편력으로 왕비에게 고통을 주기도 했지만 찰스 2세는 왕비의 신앙심을 존중했고 우아한 심성과 자신에 대한 사랑을 알기에 왕비를 반대파로부터 철저히 보호했다.

하지만 1685년 찰스 2세가 죽고 나서는, 정치적으로 더욱더 곤궁에 몰리게 되었다. 심지어 왕비의 미사 횟수를 줄이라는 법안이 의회에 제출되기도 했다.

결국 1692년 그녀는 포르투갈로 돌아온다. 당시 왕이었던 남동생 피터 2세가 중병에 걸리게 되자 어린 나이의 존 왕자를 대신해 잠시 섭정을 맡기도 한다. 존 왕자가 왕이 된 후에도 후견인 역할을 하면서 바쁜 노후를 보내다가 국민들의 존경을 받는 가운데 1705년 사망한다.

온후한 심성으로 영국 국민들의 사랑을 받아서인지 런던 중심부에는 왕비 이름을 딴 캐서린가Catherine Street도 있고 전기도 출간되었다. 또 캐서린 왕비를 주인공으로 한 역사 소설도 나왔다.

그럼에도 대부분의 영국인은 캐서린 브라간자가 영국에 차를 유행시킨 사실을 알지 못한다. 우린들 조선시대 왕비 중 제대로 아는 인물이 몇 명이나 될까를 생각해보면 이해가 된다. 하지만 홍차 애호가들은 약 400년 전 영국 왕비가 된 포르투갈 공주를 기억한다. 그녀가 단지 차를 사랑했다는 이유만으로.

33 엘리자베스 2세와 홍차

나에게 영국이라는 나라를 강하게 각인시킨 것은『영국을 생각한다』라는 책이었다. 국내 한 신문사의 영국 특파원이 쓴 이 책은 1980년에 출간되었으니 아마 고등학생 때 읽었던 것 같다. 잘 사는 선진국에 대한 동경을 어린 마음에 듬뿍 담았을 것이다. 그때 영국은 엘리자베스 여왕의 치세였고, 그때 이미 30년 가까이 여왕 자리를 유지하고 있었다.

영국 차 회사들은 오래전부터 왕실을 홍차 마케팅에 적극적으로 활용해왔다. 왕실에 이벤트가 있으면 거의 빠지지 않고 관련된 홍차를 발매했다. 특히 영국 최고 차 회사 중 하나인 포트넘앤메이슨은 왕실과 유독 친밀해 지금도 관련된 다양한 홍차를 판매하고 있다.

포트넘앤메이슨을 대표하는 스테디셀러 홍차인 로열 블렌드Royal Blend는 빅토리아 여왕을 이어 1901년에 즉위한 에드워드 7세의 요청으로 1902년에 처음 발매되었다. 그래서인지 발매 당시 상품명은 킹스 블렌드King's Blend였다가 1920년 이후 지금의 이름이 되었다. 또 다른 스테디셀러인 퀸 앤Queen Anne은 1907년 포트넘앤메이슨 창립 200주년을 기념해 발매되었는데 퀸 앤이라는 이름은 1707년 회사 설립 당시의 왕이 앤 여왕이었다는 것과 관련이 있다.

웨딩 브렉퍼스트Wedding Breakfast는 왕세자와 왕세자비인

왼쪽부터 주빌리 블렌드, 플래티넘 주빌리, 퀸스 블렌드.

윌리엄과 케이트 미들턴의 결혼을 기념해서 발매되었다. 심지어 이들의 아들인 조지 왕자가 세례 받은 것을 기념해서 나온 홍차도 있는데 크리스닝 블렌드Christening Blend다.

최근에 발매된 빅토리아 그레이Victoria Grey라는 가향차는 빅토리아 여왕에게 경의를 표하기 위해서라고 틴에 적혀 있다. 2018년에는 윌리엄 왕세자 동생인 해리 왕자와 메건 마클의 결혼식을 기념해서 웨딩 부케 블렌드The Wedding Bouquet Blend가 발매되었다. 리미티드 에디션이라 지금은 판매하지 않는다. 이 상품처럼 처음부터 한정판으로 나오는 경우도 있고 발매 후 반응이 저조하거나 다른 이유들로 판매를 중단시키기도 한다. 위 내용들로 유추하건데 그 동안 왕실과 관련된 수많은 차가 발매되고 또 사라졌을 것이다.

70년간 왕위에 있었던 엘리자베스 2세 여왕과 관련해서도 마찬가지로 수많은 차가 발매됐을 것이다. 뚜렷이 기억하는 지난 10년 동안만 해도 포트넘앤메이슨은 여왕과 직접 연관된 홍차를 세 종이나 발매했고 현재 두 종이 판매되고 있다.

주빌리 블렌드Jubilee Blend는 엘리자베스 여왕 즉위 60주년을 기념하여 2012년에 열린 다이아몬드 주빌리 행사를 축하하기 위한 제품이다. 2012년의 다이아몬드 주빌리 행사는 아주 오랜만에 개최된 대규모 왕실 행사로 나라 전체의 큰 축제였다. 주빌리는 25주년, 50주년 같은 기념일을 뜻하는 단어다.

포트넘앤메이슨은 기념 홍차뿐만 아니라 본점 4층에 있는 애프터눈 티로 유명한 세인트 제임스 레스토랑을 새롭게 꾸며 오픈하면서 다이아몬드 주빌리 티 살롱이라고 명명했다. 오픈 행사에는 여왕이 포트넘앤메이슨을 상징하는 민트색 원피스를 입고 직접 참여하기도 했다.

2022년에는 즉위 70주년을 기념하는 플래티넘 주빌리 기념행사가 6월에 진행되었다. 2021년에 남편인 필립 공이 사망하고, 여왕의 건강도 좋지 않아 10년 전 행사보다는 화려하지 않았던 것 같다. 그럼에도 많은 차 회사가 기념차를 발매했고 포트넘앤메이슨 역시 플래티넘 주빌리Platinum Jubilee라는 홍차를 선보였다.

2015년에는 퀸스 블렌드Queen's Blend가 발매되었다. 영국 역사에서 가장 오래 왕위에 있었던 왕은 빅토리아 여왕으로 64년간이었다. 퀸스 블렌드는 엘리자베스 여왕이 이 기록을 깬 기념으로 발매되었다. 퀸스 블렌드는 케냐 홍차를 중심으로 블렌딩되었는데 여기에는 이유가 있다.

1952년 엘리자베스 여왕이 공주 시절 건강이 좋지 않은 아버지 조지 6세를 대신해서 영연방을 순방하고 있었다. 영연방 국가 중 하나인 케냐에 머물 때 조지 6세가 사망했고, 왕위는 잠시라도 비울 수 없다는 전통에 따라 공주는 즉시 왕에 즉위했다. 엘리자베스 2세가 왕이 된 곳이 케냐라는 뜻이다. 물론 대관식은 1953년 런던에서 성대히 치러졌다. 이런 배경에서 케냐 홍차를 중심으로 르완다 홍차와 아삼 홍차를 블렌딩했는데 상당히 강한 맛이었다. 그럼에도 조화가 아주 잘 이뤄져 몹시 좋아했던 기억이 있다. 아쉽게도 지금은 판매되지 않는다.

현재 서양에서 가장 많이 알려진 중국 홍차는 기문 홍차와 전홍이다. 전홍은 윈난 홍차라는 뜻이다. 기문 홍차는 19세기 말부터 서양에 알려졌지만 1939년경 윈난에서 처음 만들어진 전홍이 유명해진 것은 엘리자베스 여왕 덕분이기도 하다. 1986년 6일간의 일정으로 중국을 방문한 여왕은 윈난성 성도인 쿤밍에도 들렀다. 쿤밍에서 차 애호가인 여왕에게 전홍을 선물했고, 이런 사실이 언론에 보도되면서 전홍이 세계에 널리 알려지는 계기가 되었다.

34 영국 홍차 문화의 꽃, 애프터눈 티

영국에서 차와 관련된 첫 번째 기록이 등장하는 때는 1657년이다. 하지만 이것은 영국에 차가 처음 소개되었다는 의미 이상은 아니다. 머나먼 아시아에서 오는 차는 매우 비쌌기 때문에 아주 천천히 확산되었다. 거의 100년이 지난 1750년대만 하더라도 최상류층만이 차를 지속적으로 마셨을 뿐이다. 이 시기 이후 홍차 공급이 어느 정도 안정화되면서 홍차 문화는 중류층까지 천천히 확산되어 1800년대가 되면서는 서민들까지도 마시게 되었다.

하지만 당시의 홍차는 지금과는 달리 기호식품이 아니었다. 우유와 설탕을 넣은 홍차는 단백질과 당분을 공급하는 식량 역할을 했다. 산업혁명으로 공장이 늘어나고 이로 인해 도시로 모여든 가난한 노동자들에게 없어서는 안 될 필수품이 되었다. 중국과 아편전쟁(1840~1842)까지 치르면서 영국이 사활을 걸고 홍차를 확보하려고 한 이유가 바로 이 때문이다.

따라서 19세기 중반까지도 홍차는 서민들에게 있어 식사 때나 마시는 항상 아껴 먹는 식량이었다.

19세기 중반인 1840년대의 어느 시기 애프터눈 티Afternoon Tea라는 영국 홍차 문화의 상징으로 발전하는 새로운 관습이 만들어진다. 애나 마리아Anna Maria라는 공작부인이 점심은 먹었고 저녁은 아직 먼 오후 4시 전후에 매우 허기를 느꼈고, 참다못해 하녀에게 홍차 한 잔과 간단한 음식을 요청해 먹었다. 이것이 애프터눈 티의 기원이 되었고 최상류층 귀족들 사이에서 하나의 유행으로 확산되면서 애프터눈 티 문화가 시작되었다는 전설이다. 말 그대로 오후에 마시는 홍차라는 뜻이다.

오후에 홍차와 함께 빵 같은 간단한 음식을 먹는 행위가 이렇게 새롭게 느껴진 까닭은 앞에서 한 설명처럼 홍차를 식사 때 먹어야 하는 소중한 것으로 생각하는 인식이 너무 강했기 때문일 수도 있다. 누군가는 이미 그렇게 하고 있었겠지만 그 일반적인 인식의 벽을 깨기는 어려웠을 것이다. 빅토리아 여왕과 친밀한 관계였던 애나 마리아라는 영향력 있는 귀족의 힘 덕분에 확산되기 시작했다.

그러다 1865년경 빅토리아 여왕이 궁전에서 애프터눈 티 파티를 개최하면서 이것이 일반 귀족들 사교모임으로 발전하게 된다. 이러면서 애프터눈 티와 관련된 다양한 에티켓도 만들어지고 오이가 들어간 작은 샌드위치, 스콘, 클로티드 크림 같은 오늘날 애프터눈 티의 상징이 되는 티 푸드들도 점점 자리를 잡게 된다.

1860년 무렵부터 영국인이 인도 아삼에서 홍차를 본격적으로 생산하면서 1890년 전후로는 수입량도 충분히 늘어나게 되고 가격도 많이 낮아졌다. 부자들의 애프터눈 티 문화를 부러워하던 서민들도 이 무렵엔 홍차를 부담 없이 마시게 되면서 자신들의 애프터눈 티 문화를 마음껏 즐겼다.

1913년에 그려진 헨리 제임스의 초상화.

영국에 차가 처음 소개된 지 거의 250년 만에 홍차는 진정으로 영국 국민들을 위한 일상음료가 되었다.

헨리 제임스는『어떤 부인의 초상』에서 당시의 모습을 다음과 같이 묘사했다. "애프터눈 티라고 불리는 모임에서 보내는 시간보다 더 아늑한 순간은 삶에서 그다지 많지 않다."

하지만 영국 애프터눈 티 문화는 제2차 세계대전 이후에는 서서히 사라지게 된다. 홍차를 많이 마시는 관습은 여전했지만, 가까운 사람들끼리 모여 차와 티 푸드를 여유롭게 즐기기에는 현대의 삶이 너무 바쁘고 팍팍해진 탓이었다. 그리하여 런던을 찾는 관광객들을 위해 일부 호텔에서만 그 명맥을 유지했던 것이 2000년대 초반까지의 상황이었다.

그런데 2010년을 전후해 몇 가지 이유로 런던에서 다시 애프터눈 티가 부활했다.

현재 런던은 애프터눈 티가 대유행이다. 런던을 찾는 외국인은 말할 것도 없고, 지방에 사는 영국인들조차도 런던에 올 기회가 있으면 유명한 호텔에서 애프터눈 티를 즐기고 싶어 한다고 한다.

애프터눈 티로 유명한 리츠, 랭엄, 도체스터 호텔 등은 토요일 오후 골든타임은 서너 달 전 미리 예약해야 하고 2시간 남짓 즐기는 데 15만원이 넘는 비용이 들기도 한다. 거의 200년 전에 만들어진 한 문화가 시들해지다가 더욱 강력하게 부활했다.

35 애프터눈 티, 하이 티 무엇이 다른가

나는 하루에 여러 번 홍차를 우려 마신다. 그리고 대부분 차만 마신다. 차에 곁들여 무엇인가를 먹는 경우는 매우 드물다. 가끔씩은 케이크나 빵, 과일 등을 먹어야 할 경우도 있다. 이때는 보통 섬세한 차를 내지 않는다. 어차피 차 맛을 제대로 느끼지 못하기 때문이다.

반면 영국인들은 차만 마시는 경우는 거의 없다. 과거에도 그랬고 지금도 그렇다. 가벼운 쿠키 같은 것이라도 함께 먹는 뭔가가 있어야 한다. 그래서 영국 홍차 문화에서는 차 못지않게 함께하는 음식(티푸드)도 중요한 역할을 한다.

요즘 들어 우리 주변에서도 쉽게 즐길 수 있는 애프터눈 티와 하이 티 같은 홍차와 관련된 명칭들도 어떤 종류의 음식과 언제 함께 마시는지에 따라 구별한 것이다. 이 둘 사이에 어떤 차이가 있는지 알아보겠다.

애프터눈 티는 1840년대부터 영국 귀족들 사이에서 유행한 것으로 "오후에 가벼운 티 푸드와 함께 여유롭게 차 마시는 문화"다. 오후에 시간이 한가한 부유한 귀족들로부터 시작된 문화로 그럴 여유가 없던 서민들은 부러워만 할 뿐이었다. 1890년대 홍차 가격이 저렴해지면서 전 국민이 즐기는 문화가 되었다. 1800년대 후반기는 "해가 지지 않는 나라"로 불리면서 세계를 주름잡던 대영제국의 황금기였다. 이 시기를

애프터눈 티를 상징하는 3단 트레이.

통해 영국의 홍차 문화 역시 전 세계에 확산되었다. 그때부터 영국 영향을 직간접으로 받은 많은 나라에서 애프터눈 티가 유행하게 되었다.

애프터눈 티에 곁들여지는 티 푸드는 오이가 들어간 샌드위치, 케이크, 얇은 빵과 버터, 버터 바른 스콘 정도로 원래는 아주 간단했다. 가볍게 허기를 달래는 것이 목적이었기 때문이다. 2010년 전후 영국에서 애프터눈 티가 부활하면서는 한 끼 식사를 대신하는 경향도 있다. 최근에는 블로그, 인스타그램 등으로 인해 비주얼도 중요해져 티 푸드 종류와 모양새가 화려해지고 있다.

애프터눈 티가 오후 4~5시 전후에 있는 홍차 중심의 우아한 자리였다면 하이 티High Tea는 비록 티라는 단어가 들어 있긴 하지만 차보다는 식사 중심이었다. 노동자나 서민 계층은 오후에 차를 즐길 여유가 없었다. 광산이나 공장 등의 일터에서 하루 일과를 마치고 돌아온 노동자들은 허기가 졌고 푸짐한 저녁이 필요했다. 빵과 야채, 치즈, 고기까지 포함된 식사와 함께 머그에 가득 채운 홍차를 마셨다. 이것이 하이 티로 원래는 "6시 전후 차와 함께 하는 노동자 가족의 저녁 식사"를 의미했다. 하이 티도 주방의 키 높은 식탁에서 온 명칭이다. 반면에 낮고 편안한 의자나 소파에서 마신 애프터눈 티를 로 티Low Tea라고 부르기도 한다. 애프터눈 티가 시간이 흐르면서 서민층으로 확산되었듯 하이 티 역시 상류층의 간단한 저녁 식사로 받아들여지면서 영국 전체의 관습이 되었다.

특이한 것은 영국 바깥에서는 애프터눈 티가 하이 티로 불리는 경우가 많았다는 점이다. 이유는 명확하지 않다. 이로 인해 관광객들이 많이 오는 런던의 일부 호텔에서는 이들을 염두에 두고 애프터눈 티 대신 하이 티라고 이름 붙인 곳이 꽤 있었다. 이 경우에도 명칭만 다를 뿐 메뉴 구성에서 차이는 거의 없었다. 다만 일부 장소에서는 하이 티 메뉴가 애프터눈 티보다 조금 더 풍성한 경우가 있긴 하다. 우리나라 호텔도 하이 티를 판매하는 곳이 있다.

최근 들어서는 런던을 포함한 주요 도시에서 점차로 하이 티라는 말보다는 애프터눈 티라고 부르는 추세다. 구글에서 하이 티를 검색하면 대부분 애프터눈 티가 나온다.

36 스콘에 클로티드 크림과 잼을 듬뿍 발라

크림 티Cream Tea를 홍차에 크림 넣은 것으로 알고 있는 사람들이 종종 있다. 홍차에 우유 넣은 것을 밀크티라고 부르기 때문에 그렇게 생각하는 것이 자연스럽기도 하다. 게다가 과거에는 홍차에 크림 넣은 것을 실제로 크림 티라고 부르기도 했다.

하지만 오늘날 크림 티는 전혀 다르다. "스콘에 잼과 클로티드 크림을 발라서 홍차와 같이 마시는 것"을 의미한다. 애프터눈 티의 풍성한 티 푸드를 축소시킨 단출한 버전이라고 보면 된다. 간단히 먹기에 적당해서인지 런던의 카페나 관광지 근처에서 비교적 쉽게 접할 수 있다.

크림 티는 크림이라는 명칭이 암시하듯이 '클로티드 크림'이 중요한 역할을 한다.

젖소에서 짠 우유를 약한 불이나 중탕으로 온도를 높인 후, 깊이는 낮고 면적이 넓은 팬 같은 도구에서 천천히 식히면 유지방이 위로 떠오르면서 응고clotted된다. 응고된 유지방을 주성분으로 해서 만든 것이 클로티드 크림Clotted Cream이다.

일반 크림의 지방 함유량이 18퍼센트 정도라면 클로티드 크림은 최소 55퍼센트 이상이 되어야 한다. 클로티드 크림이 영국 서남부 끝에 있는 콘월과 데번 지방에서 주로 생산되는 이유이기도 하다. 이 두 지방은 기후가 온화한 편이라

맛있게 먹기 위해서는 스콘에 잼과 클로티드 크림을 듬뿍 발라야 한다.

목초지가 잘 발달되어 이 지역에서 자라는 젖소의 우유에는 지방 성분이 많기 때문이다.

게다가 유지방 함유량이 높은 클로티드 크림은 부패 속도가 빠르다. 이러다보니 크림 티는 처음에는 콘월과 데번 지방에서만 먹을 수 있는 특별한 음식이었다. 19세기 후반 철도 교통이 발전하면서 런던 사람들의 이곳 여행이 가능해졌다. 그리고 현지에서 맛본 크림 티 맛을 잊지 못하면서 런던을 포함한 영국 전체로 퍼져 나갔다. 철도로 인해 런던으로 운송이 용이해진 환경도 확산의 중요한 이유다.

이러면서 애프터눈 티 메뉴에도 포함되었다. 지금은 스콘, 클로티드 크림, 잼 없는 애프터눈 티를 상상할 수 없지만 이들이 애프터눈 티 메뉴가 되기 시작한 때는 20세기 초 무렵이다. 1901년 사망한 빅토리아 여왕이 주최한 애프터눈 티 파티에는 이들이 포함되지 않았을 수도 있다. 크림 티가 크림 넣은 홍차에서 지금의 뜻으로 변한 것도 그리 오래되지 않았다. 1930년대와 1960년대라는 두 가지 설이 있다

크림 티를 즐길 때 스콘에 잼(주로 딸기잼)과 크림 중 어느 것을 먼저 바르느냐에 관한 논쟁도 있다.

데번 지방은 크림을 먼저 바르고 잼을 그 위에 얹는데, 갓 구워 따뜻한 스콘 속으로 크림이 스며드는 게 중요하다고 보기 때문이다. 반면 이는 크림에 자신이 없으니 잼으로 덮어 숨기려는 의도라면서 콘월 지방에서는 잼을 먼저 바르고 그 위에 크림을 얹는다.

콘월의 주장이 더 설득력이 있었는지 런던을 포함한 대부분 지역에서 잼을 먼저 바르고 크림을 나중에 얹는다. 버킹검 궁전의 가든파티에서 여왕도 크림을 나중에 발랐다고 한다.

1998년에는 콘월에서 생산된 우유를 같은 지역에서 가공한 '코니시 클로티드 크림Cornish clotted cream'이 유럽연합 원산지보호제품PDO으로 지정되었다. 데번 크림 티Devon cream tea도 현재 PDO를 신청해놓은 상태다.

가장 유명한 클로티드 크림 브랜드는 1890년 콘월에 세워진 로다스Rodda's다. 생산량도 영국에서 가장 많다.

구수하고 달콤한 맛으로도 유명한 코니시 클로티드 크림은 식감 있는 옅은 노란색 칼라가 특징이다. 콘월 지역 젖소가 먹는 풀에 당근에 많이 들어 있는 적황색 물질인 카로틴Carotene 성분이 풍부하기 때문이다.

하지만 클로티드 크림의 단점도 만만치 않다. 평균 64퍼센트나 되는 높은 지방 함량으로 건강에는 나쁘다. 2006년에는 영국인들이 즐겨먹는 주요 120가지 음식 중 건강에 가장 나쁜 것으로 선정되기도 했다.

최근 들어 우리나라에도 로다스를 포함한 다양한 클로티드 크림이 수입되고 있다. 스콘에 잼과 크림을 과하다 싶을 정도로 아주 듬뿍 바르는 것이 가장 맛있게 먹는 방법이다.

37 오이 샌드위치 이야기

애프터눈 티를 구성하는 여러 티 푸드 중 빼놓을 수 없는 것이 오이 샌드위치다. 이것이 어떤 연유로 애프터눈 티를 대표하는 티 푸드가 되었는지 알아보자.

애프터눈 티가 시작된 1840년대 이전에도 귀족들 사이에서는 껍질 없는 흰 빵 사이에 오이를 넣어 간식으로 먹는 문화가 있었다.

애프터눈 티를 유행시킨 애나 마리아는 이미 최상류층 간식이었던 오이 샌드위치를 애프터눈 티를 구성하는 티 푸드에 포함시켰다. 모든 사람이 부러워하는 정형화된 사교모임인 애프터눈 티의 정식 메뉴가 되면서 오이 샌드위치는 부를 상징하는 하나의 아이콘이 되었다.

오이 샌드위치가 이런 대접을 받은 데엔 두 가지 이유가 있다. 하나는 오이가 여름 채소라 연중 먹을 수 있는 사람은 집에 온실을 운영할 수 있거나 비싼 가격에 구입할 수 있는 상류층에 한정되었기 때문이다. 다른 하나는 오이가 칼로리가 낮고 체중 감소에 도움이 되어서라는 다소 뜻밖의 이유다.

오이는 물이라고 봐도 좋을 정도로 96퍼센트가 수분이다. 비타민은 있지만 열량은 거의 없는 채소다. 따라서 평소 영양 섭취가 충분한 상류층은 간식으로 먹었지만 그렇지 않은 서민층은 비싸기만 한 오이를 사치스런 음식으로 여겼다. 즉

버킹검궁 정원에서 열린 1887년의 골든 주빌리 티 파티.

오이 샌드위치를 간식으로 먹는 행위는 일종의 과시였다.

그렇다보니 외형에도 각별히 신경을 썼는데 특히 빵을 얇게 자르는 게 중요했다. 밀도 높은 질감으로 잘 만들어진 직사각형 식빵 덩어리를 칼로 자르는데, 잘라진 빵에 난 작은 구멍 사이로 빛이 통과할 정도였다. 빵의 얇기에 따라 세련됨을 평가 받아 여주인들은 얇게 자르기 위해 스트레스를 받았다. 이 자른 빵 안쪽에 버터를 살짝 발랐는데, 오이에서 나온 즙에 빵이 축축해지는 걸 막기 위해서였다. 빅토리아 시대(1837~1901)의 정통 오이 샌드위치는 테두리 껍질을 제거한 얇게 자른 사각형 빵에 버터를 바르고 오이 조각과 레몬을 살짝 뿌리고, 소금도 조금 넣은 후 대각선으로 두 번 잘라 네 조각의 삼각형으로 만들었다.

이렇게 하여 상류층의 핑거 푸드가 탄생했다. 핑거 푸드Finger Foods는 커트러리Cutlery(식탁용 나이프, 포크, 숟가락 등)를 사용하지 않고 손으로 집어 먹는 음식을 의미한다. 따라서 부스러기 없이 깔끔하게 한 입에 먹을 수 있어야 한다. 핑거 샌드위치는 핑거 푸드의 우아한 이 용도에 적합했다. 시간이 지나면서 형태는 다양해져 직사각형도 생기고 왕실에서는 작은 정사각형 모양을 선호했다는 기록도 있다.

이렇게 정성들여 만들어진 작고 예쁜 오이 샌드위치는 점점 귀족들의 사랑을 받아가면서 애프터눈 티의 필수 음식이 되었다. 마침내 1887년 빅토리아 여왕 즉위 50주년 행사인 골든 주빌리 파티에 등장하는 영광까지 누리게 된다.

영국의 가장 화려했던 에드워드 시대(1901~1910)에는

오이 샌드위치는 부의 상징이었다.

오이 샌드위치가 그 유행의 절정에 이른다. 값싼 노동력과 풍부한 석탄으로 온실이 많아지면서 오이 생산량이 급증했기 때문이다. 이 무렵에는 중산층까지도 즐기는 티 푸드가 됐지만 여전히 '잘난 척'의 흔적을 가진 음식으로 여겨졌다. 당시 소설에서 상류층을 묘사할 때 주로 허영심을 비꼬는 용도로 이용되었다.

오늘날 오이 샌드위치는 더 이상 부를 상징하지 않는다.

그리고 만드는 방법도 다양해졌다. 버터 대신 크림치즈를 바르기도 하고, 연어와 마요네즈로 버무린 계란, 잘게 썬 딜, 오이와 크림치즈로 만든 베네딕틴 스프레드를 넣기도 한다. 갈색 혹은 껍질 있는 빵도 사용한다.

하지만 정통 레시피에 눈길이 가는 이유는 애프터눈 티의 고열량 티 푸드 속에서 부담 없는 음식으로 역할을 할 수 있기 때문이다.

38 우리나라 호텔의 애프터눈 티

제2차 세계대전 이후 영국에서 애프터눈 티 문화가 점점 사라졌던 것은 앞서 얘기했다. 전쟁 중 시작된 홍차 배급(1940년 7월부터 1952년까지) 영향과 전쟁으로 파괴된 나라를 복구하느라 바쁜 일상에 묻혀 점점 잊혀갔다.

그나마 전통을 유지할 수 있었던 건 1980년대 이후 일본인들의 해외여행이 본격화되면서부터다. 유럽 문화를 동경했던 일본인들이 영국에 와서 애프터눈 티를 찾자 여행 상품으로 일부 호텔에서 부활하기 시작했다.

2008년 리먼브러더스 사태로 인한 불경기가 시작되자 외출보다는 집에 머무는 시간이 많아지면서 알뜰하게 즐기는 대안으로 애프터눈 티가 새롭게 조명 받기 시작했다. 2012년 엘리자베스 여왕 즉위 60주년 기념행사인 다이아몬드 주빌리 역시 영국인들에게 잊혔던 전통을 되돌아볼 기회를 제공했다. 여기에 더하여 음식 관련 프로그램들이 유행하면서 완전히 부활했다. 이 영향으로 일본, 홍콩뿐만 아니라 우리나라에서도 애프터눈 티가 유행하기 시작했다.

10여 년 전에도 우리나라 호텔에 애프터눈 티가 있었다. 그때도 아쉬운 점은 많았지만 그 무렵은 어차피 도입 초기였기에 '이해할 수 있는' 아쉬움이었다. 그러나 홍차 애호가들의 수준이 높아진 요즘엔 꼼꼼히 따져보게 된다.

우리나라 호텔 애프터눈 티도 지난 10여 년간 많이 성장했고 특히 양적 성장은 눈부셨다. 일류 호텔 중 애프터눈 티가 없는 곳이 없을 정도다.

비교적 고비용을 지불하고 호텔 애프터눈 티에 가는 이유는 품격과 우아함, 고급스러움을 누군가와 함께 하고자 하는 목적이 크다. 친구든 연인이든 가족이든 동행한 사람과 함께 기억에 남을 멋진 순간을 경험하고 또 이 경험을 블로그나 인스타그램 같은 매체를 통해 타인과 공유하고자 하는 이유도 있다.

여기까지는 우리나라 호텔 애프터눈 티도 영국과 비교해 부족함이 없다. 티룸 분위기, 창 밖 전망, 티 푸드의 맛이나 디스플레이 등 모든 구성이 다 훌륭하다.

아쉬운 점은 홍차다. 애프터눈 티를 판매할 정도의 전문점이라면 해당 홍차의 맛과 향이 최고로 잘 발현되게 맛있게 우려서 제공해야 한다. 찻잎은 제거하고 우린 홍차만 제공해야 한다는 뜻이다.

티포트에 찻잎이 들어 있는 상태로 제공하는 방식은 고객에게 우려내는 과정을 담당케 하고 맛과 향에 대한 책임을 전가하려는 의도다. 모래시계나 타이머를 함께 제공하면서 물을 부은 후 경과한 시간을 알려준다면 그나마 다행이다. 그렇지 않다면 고객 입장에서는 어느 시점에 찻잎을 제거해야 할지 혹은 찻잔에 부어야 할지 판단이 서지 않는다. 찻잎이 뜨거운 물에 얼마나 담겨 있었는지 모르기 때문이다.

차 전문점이라면 맛있게 우려서 차만 제공하는 것이 좋다.

대부분의 홍차는 3~5분 정도 우려낸다. 호텔의 규모와 동선을 고려하면 티포트에 찻잎을 넣고 뜨거운 물을 부은 후 바로 가져온다고 해도 2~3분 정도는 소요될 수 있다. 따라서 필요 이상 우려져 홍차 맛이 떫어질 수 있다.

또 하나는 찻잎이 들어 있는 티포트만 가져오고 우려낸 뒤 차를 옮길 티포트는 제공하지 않는 경우도 많다. 찻잎을 티포트에 넣은 채로 서빙하는 방식은 사실 영국식이다.
영국은 과거부터 대부분 우유와 설탕을 넣어 마시기 때문에 강하게 우러나는 홍차가 문제 되지 않았다. 티포트에서 계속 우려져 진해지면 우유와 설탕을 더 넣으면 되었다.

우리나라는 설탕과 우유를 넣지 않고 홍차만 마시는 편이다. 따라서 티포트 속에 찻잎을 두면 계속 우려져 옮겨 담을 다른 티포트가 당연히 필요하다.

비록 홍차 문화를 완성시킨 나라는 영국일지 모르지만 차의 맛과 향을 제대로 즐기기에는 우리나라 방식이 적합하다. 최근에는 영국에서도 건강에 대한 염려로 우유와 설탕을 넣지 않고 마시는 추세다. 이 경우에는 홍차 자체의 맛과 향에 관심을 갖게 되고 당연히 우려내는 방법도 중요해진다.

우려서 제공하는 방법이 부담스럽거나, 옮겨 담을 티포트를 추가로 제공하는 것이 번잡하다고 느낀다면 고객이 손쉽게 제거할 수 있도록 티백을 사용하면 된다. 요즘은 좋은 찻잎을 넣은 고급 티백도 많다. 티백 사용이 내키지 않는다면 인퓨저가 내장된 티포트를 사용하는 것도 방법이다. 고객이 원하는 시간에 인퓨저를 꺼내면 된다. 이 방법을 사용하는 호텔도 있긴 하다.

그럼에도 맛있게 우려서 차만 제공하는 것이 가장 좋은 방법이다. 이것이 옳은 방향이고 번잡한 모든 문제도 해결해준다.

근래에는 맛있게 우린 홍차와 함께 멋진 애프터눈 티를 제공하는 홍차 전문점이 많아지고 있다. 그럼에도 호텔 애프터눈 티만이 갖는 매력은 여전하다. 런던에서도 가장 유명한 애프터눈 티는 대체로 호텔에서 제공한다.

그런 높은 기대감 때문인지 호텔 애프터눈 티를 경험한 애호가들 대부분이 홍차 맛에 대한 아쉬움을 토로한다. 매력적인 분위기뿐만 아니라 맛있게 우려진 홍차까지 더해진 멋진 호텔 애프터눈 티를 기대해본다.

6장

39 플레저 가든과 티 가든

17세기 무렵부터 런던과 교외 지역에는 오늘날의 공원, 유원지 역할을 하는 플레저 가든Pleasure Garden들이 생겨났다. 원래는 노동자 계층과 서민들이 자신들이 거주하는 지저분하고 열악한 환경의 시내로부터 벗어나 잠시나마 신선한 공기를 마시며 휴식을 갖는 곳이었다. 그러다보니 처음에는 그렇게 고급스러운 장소는 아니었다.

18세기에 들어선 후 플레저 가든에서 당시로는 매우 비싼 음료인 차와 커피, 핫초코 등을 제공하기 시작했다. 이러면서 여성들도 갈 수 있는 고급스런 곳으로 인기를 얻기 시작했다. 이는 1650년대부터 생기기 시작한 런던의 커피하우스들이 남자들만 출입 가능했기 때문이다.

이러면서 상류층, 중산층을 포함한 다양한 계층이 즐기는 일종의 놀이공원 같은 곳으로 변하기 시작했다. 18세기엔 런던과 교외 지역에 규모와 수준이 다른 64개의 다양한 플레저 가든이 있었다. 플레저 가든들은 규모와 수준에 따라 다양한 오락거리나 즐길 거리, 편의시설들을 갖추고 서로 경쟁했다. 꽃이 핀 산책길, 그늘진 누각, 춤 출 수 있는 공간, 음악연주회, 불꽃놀이, 조명이 들어오는 숲, 열기구 타기 등 흥미로운 것이 다양했다. 몇몇 곳에서는 도박과 경마 등도 즐길 수 있었다.

처음에는 무료였으나 시간이 지나면서 입장료를 받기 시작했다. 아주 고급스러운 플레저 가든은 입장료만 일반 노동자의 일주일치 급료였다.

런던 플레저 가든과 관련해 남아 있는 그림들을 보면 지금 봐도 화려하고 고급스러워 마치 오늘날의 디즈니랜드나 에버랜드 같다. 밤새 운영하는 곳도 많았는데 가든 전체를 조명으로 밝게 했다고 하니 당시로는 놀라운 기술이었다. 그만큼 사람들의 관심을 끌기도 했다.

남녀가 야외에서 자유롭게 어울릴 수 있는 공간이다보니 다양한 스캔들도 많았다. 화이트 콘듀트 하우스White Conduit House라는 플레저 가든에서는 차가 남녀 교제의 매개물이었다. 남성이 여성에게 관심이 있으면 실수인 척 그녀의 치마를 밟고 사과의 뜻으로 차를 대접하겠다고 제안하는 형식이었다.

이처럼 차가 플레저 가든의 중심 메뉴가 되는 곳이 많았다. 그러다보니 이를 티 가든Tea Garden이라고 부르기도 하고 차가 특히 중요했던 일부는 이름에 티Tea를 포함시키기도 했다.

가장 유명한 플레저 가든은 1732년에 재개장한 복스홀 가든Vauxhall Garden과 1742년에 개장한 라넬라그 가든Ranelagh Garden이다. 이들은 다른 플레저 가든과 차별화하면서 서로 치열하게 경쟁했다.

특히 반구형의 둥근 천장을 가진 큼직한 실내공간 로턴더rotunda로 유명했다. 춥기도 하고 비가 많은 변덕스런 날씨로 인해 대부분의 플레저 가든은 넓게 잡아 4월에서

복스홀 가든에 모인 이들의 표정과 몸짓을 생생하게 잡아낸 그림.

9월까지 열었지만 실내공간을 갖춘 이들은 2월부터 오픈할 수 있었다. 로턴더 홀 내부는 아주 화려하고 멋지게 꾸몄다. 복스홀 로턴더 홀은 폭이 약 3.4미터에 72개의 촛불이 장식된 영국에서 가장 큰 샹들리에가 설치되기도 했다. 규모에서 더 큰 것은 라넬라그 로턴더 홀이었다. 아주 멀리서도 반구 모양의 지붕이 웅장하게 잘 보일 정도였다. 내부를 묘사한 그림으로 판단하건대, 오늘날 실내 체육관 크기는 된 것 같다. 이들 로턴더 홀에서는 연회와 음악연주회 등을 포함한 다양한 실내 행사가 열렸다. 라넬라그 홀은 1765년 아홉 살의 모차르트가 연주한 것으로도 유명하다.

플레저 가든의 인기와 유행은 1700년대 후반 절정에 이르렀다. 1773년에 일어난 보스턴 티 파티 사건 직전 미국은 영국 못지않게 차를 많이 마셨다. 뉴욕에도 런던을 흉내내 복스홀과 라넬라그 이름을 딴 플레저 가든이 생기기도 했을 정도다. 하지만 1800년대 초반을 지나면서 무뢰한들이나 소매치기, 거리의 여성들, 취객들이 늘어나면서 방문객 수준이 낮아지자 교양 있는 사람들이 점점 꺼리는 장소로 변해갔다.

라넬라그 가든의 상징이었던 로턴더 홀은 1803년에 문을 닫았고 1805년에 헐렸다. 홀이 있던 자리는 현재 첼시 병원 구내가 되었고 이곳에서는 매년 세계 최대 정원 및 원예박람회로 유명한 '첼시 플라워 쇼Chelsea Flower Show'가 열려 가든이 계속 가든으로 이어지고 있다.

복스홀 가든은 1859년에 문을 닫은 후 여러 번의 재개발

끝에 2012년 일반인을 위한 공원 '복스홀 플레저 가든'으로 재오픈했다. 대단한 생명력을 가지고 있는 이름이다.

1700년대 후반은 영국에서 차가 확산되던 시기다. 하지만 차가 여전히 매우 비쌌고 즐기는 계층도 한정되어 있었다. 사람들의 이목을 끄는 야외의 고급스런 공간에서 차를 마시면서 차 인구도 늘어나게 되었다. 플레저 가든/티 가든이 영국 홍차 역사에 자주 등장하는 이유다.

40 찻잎으로 점을 친다?

「해리포터 아즈카반의 죄수」에는 마법 수업 시간에 홍차를 마시고 난 후 찻잔에 남은 찻잎의 형태나 패턴을 보고 점을 치는 장면이 있다.

점占은 미래의 일이나 운명을 미리 알고 싶어하는 인간의 심리 때문에 동서양을 불문하고 오랫동안 존재해왔다. 근래에는 신뢰성이나 중요성이 과거보다는 덜해졌음에도 젊은 층으로 계속 영역을 넓히고 있다. 오락적 측면이 강하긴 하지만 타로점 문화를 보면 알 수 있다.

점을 치기 위해서는 미래를 알려주는 어떤 매개물이 필요하다. 앞에서 말한 타로는 14세기부터 유럽에서 사용된 그림카드로 78장이 한 조로 되어 있다. 이중 점 볼 사람이 선택한 카드로 그 사람의 미래와 길흉을 해석한다. 우리나라 화투점도 비슷한 방식이다.

영화를 보면 점치는 사람들이 탁자 위에 쌀이나 콩을 쏟아 손바닥으로 쓸면서 임의의 형태를 만들고 그 형태를 통해 점을 치는 장면들이 나온다. 쌀이나 콩을 사용하는 이유는 결국 소중히 여겨지면서도 구하기 쉽기 때문일 것이다. 물론 다양한 형태나 패턴을 만들어낸다는 물리적인 특성도 중요하다. 다른 나라에서도 마찬가지로 우리의 쌀처럼 소중하지만 구하기 쉽고 형태의 다양성을 만들 수 있는 것을 매개물로 사용했다. 영국에서 그것은 바로 찻잎이었다.

타시오그래피Tasseography는 잔 속에 남은 찻잎, 커피가루, 와인 침전물 등의 형태나 패턴을 읽고 해석해서 앞날을 점치는 행위를 의미하는 단어다. 어두인 타세Tasse는 잔을 가리키는 프랑스어에서 유래했다. 유럽에 커피, 차 등이 소개되면서 17세기 중순 이후 퍼지기 시작했는데 영국은 홍차의 나라답게 찻잎 점이 대세였다.

티포트에 차를 우려서 스트레이너(거름망)를 사용하지 않고 찻잔에 붓거나 찻잔에 직접 마른 찻잎을 넣고 뜨거운 물을 부어 우리는 방법을 사용한다. 그래야만 찻잎이 찻잔에 남는다. 티백 속 찻잎처럼 너무 미세한 크기는 적당하지 않다. 입자가 너무 작으면 뭉쳐져 다양한 형태가 만들어지지 않기 때문이다.

찻물이 조금 남았을 때 잔을 몇 번 돌린 후 남은 차는 잔 받침에 부어버리거나 다 마신 잔을 잔 받침에 뒤집어놓고 몇 번 회전시키는 등 다양한 방법으로 자신의 미래를 암시해줄 형태를 만든다. 「해리포터」의 장면은 학생들이 이미 잔을 뒤집어 엎어놓은 상태다.

사용하는 찻잔의 속 색깔은 흰색이 일반적이다. 하지만 점을 목적으로 하는 전문적인 잔은 별, 동물, 벌레, 칼, 자동차, 화살, 바퀴, 태양, 손바닥, 번개 모양 등 아주 다양한 문양들이 잔 내부 전체에 그려져 있다. 혹은 서양카드의 다양한 무늬들이 그려진 잔도 있다.

잔 속 찻잎 형태를 해석하는 정형화된 원칙도 있다.

마시고 난 후 찻잔에 남은 찻잎 형태로 점을 치는 모습.

그러다보니 『찻잎으로 점치기Fortune Telling with Tea Leaves』 『찻잔 읽기 그리고 찻잎으로 점치는 방법Tea-Cup Reading and the Art of Fortune Telling by Tea Leave』 같은 책들이 지금도 있다. 예를 들면 잔 가장자리는 가까운 미래이고 잔 바닥은 먼 미래를 의미한다. 혹은 얻고자 하는 목적을 구체적으로 마음속에 그리면서 자신의 잔을 뒤집는 동작도 중요하다고 한다.

19세기 말 애프터눈 티가 확산되면서 찻잎 점은 서민들이 홍차를 마시면서 즐길 수 있는 오락이 되었다.

41 찻잔 받침에 따라 마신 이유

과거 유럽의 홍차 문화 중 의아한 것 중 하나가 잔 받침Saucer에 차를 부어 마시는 것이다.

18~19세기 차 마시는 모습을 그린 그림이나 사진을 보면 계층에 관계없이 의외로 잔 받침에 부어서 마시는 장면이 많이 보인다. 특히 영국과 러시아 그림에서 많이 볼 수 있다. 연구 자료들에 따르면 뜨거운 차를 식혀서 마시기 위해서라는 것에 대부분 의견이 일치한다. 식혀서 마시는 것이 목적이라 차뿐만 아니라 커피 역시 잔 받침에 부어서 마시기도 했다. 일단 먼저 찻잔에 차를 부은 후 다시 잔 받침에 옮겨서 마셨다.

그런데 두 가지 점이 이해가 안 된다. 우선 무엇이 그리 급해서 잔 받침에 옮겨가면서 식혔을까 하는 것이다. 다음은 굳이 찻잔에 먼저 붓고 차를 다시 잔 받침에 옮겨 부은 이유다. 야외에서 마실 경우는 이해가 된다. 하지만 식탁에서 잔 받침에 마실 때도 각자 앞에는 찻잔도 놓여 있다. 여러 명이 차탁에 둘러앉은 그림을 보면 각자 잔을 앞에 두고 잔 받침으로 마시는가 하면 어떤 사람은 찻잔에 차를 따르고 있다. 이 사람도 다시 잔 받침에 옮겨 부을 것이 확실하다. 그런데 왜 잔 받침에 바로 따르지 않았을까. 차에 우유와 설탕을 넣어 잘 섞기 위해서는 우선 찻잔에 붓는 것이 편리해서 그랬을 가능성이 높긴 하다. 과거의 관습이나 전통을 현대적 관점에서 다 이해할 수 없는 것은 당연하다. 다만 궁금할 뿐이다. 대부분의 관습이 그러하듯이 이것 또한 기원은 불분명하다.

비교적 설득력 있는 주장은 이것이 중국 문향배 음용법에서 유래했다는 설이다. 문향배聞香杯는 우롱차처럼 향이 강한 차를 음미하기 위해 사용하는 다구로 두 개가 한 세트다. 지름이 작고 키가 큰 문향배에 먼저 차를 따르고 위에 품명배品茗杯를 모자처럼 씌워 순식간에 뒤집어 차는 품명배에 옮겨서 마시고 문향배에서는 향을 맡는 방식이다. 유럽인들이 문향배를 찻잔으로 보고, 품명배를 잔 받침으로 여겼을 수도 있다. 또 하나는 일본 맛차抹茶 음용법에서 유래했다는 설이다. 맛차를 마시는 주둥이가 넓은 사발 역시 유럽인들 눈에는 자신들의 작은 잔보다는 오히려 잔 받침에 가깝게 보였을 수 있다. 초기에 유럽으로 전해진 중국 찻잔은 대부분 손잡이가 없었다. 뜨거운 잔을 손으로 드는 게 익숙하지 않았던 유럽인들이 잔 받침에 옮겨 따르지 않았을까 하는 주장도 설득력이 있다.

러시아에서 유래했다는 주장도 있는데 상류층에 비해 여유롭게 차 마실 시간이 없는 상인들이나 서민층 음용법이었다고 한다. 차 자체가 고가품이었는데 서민층이 어떻게 마실 수 있었을까. 하지만 앞에서 언급한 것처럼 잔 받침에 마시는 모습을 그린 러시아 그림이 유달리 많으니 그냥 무시할 수 없는 주장이다.

가족들의 식사시간. 대부분 잔 받침으로 차를 마시고 있다.

오늘날 사용하는 얇고 평평한 잔 받침으로는 차나 커피를 부어서 마시기가 쉽지 않다. 반면에 과거 그림에 나오는 잔 받침들은 테두리 부분이 꽤 높다. 18~19세기에 제작된 찻잔 세트 중 남아 있는 것 중에는 잔 받침 테두리가 상당히 높은 것들이 실제로 있다. 찻잔 없이 잔 받침만 따로 보면 키 작은 사발처럼 보일 정도다. 단순히 잔 받침 역할만 했다고 볼 수 없는 근거다. 심지어 이런 모양의 잔 받침에는 컵 링Cup-Ring이 없는 경우도 많다. 컵 링은 잔 받침 중심부에 원형으로 살짝 도드라지게 입체감을 줘서 잔을 안정적으로 놓을 수 있게 한 것이다. 컵 링은 18세기 중반 무렵 도입되기 시작했다. 따라서 이후에 생산된 잔 받침에 컵 링이 없다면 단순한 잔 받침이 아니었을 수도 있다.

이런 음용법이 18세기 전반에 걸쳐 유행한 것에는 연구자들의 의견이 대체로 일치한다. 다만 이 음용법이 사라지기 시작한 시점에 관해서는 의견이 제각각이다. 영국에서는 18세기 말부터 이미 상류층에서는 점잖지 못한 행동으로 여겨지기 시작했다는 주장도 있다. 하지만 어떤 자료에는 빅토리아 여왕 시기까지 유행했다고도 되어 있다. 문화적 관습이 상류층에서 서민층으로 전해진다는 관점에서 보면 꽤 오랫동안 이 관습이 서민층에 남아 있었을 수도 있다.

조지 오웰이 1946년 1월 12일자 『런던이브닝스탠더드』에 기고한 「한 잔의 맛있는 홍차A nice cup of tea」는 홍차 에세이로는 아주 유명하다. 이 글 마지막에 "차와 관련하여 이해하기 힘든 사회적 관습들도 있고"라고 하면서 예를 든 것이 "차를 잔 받침에 따라서 마시는 행위가 왜 점잖지 못한 것으로 간주될까?"다. 이 문장으로 보면 당시에도 이 관습이 어느 정도 남아 있었고 또 고급스런 행위로 여겨지지 않았다는 걸 알 수 있다. 그런데 이 글에서 알 수 있는 건 조지 오웰이 이 방법을 점잖지 못한 행위로 보지 않았다는 점이다.

어쨌거나 지금 시각으로는 매우 낯설고 어색해 보이는 차 마시는 방법이 역사의 한 때 유행했었다는 사실이 매우 흥미롭다.

42 술을 대신하는 차

음식은 배고픔을 해결하는 것 이상으로 섭취하면 우리 몸에 비만이라는 부작용을 가져온다. 물은 적정량을 반드시 섭취해야 하지만 그 이상은 잘 마시지 않는다. 맛이 없기 때문이다. 대신 인간은 다양한 기호음료를 발전시켰다. 와인이 기원전 6000년경부터 만들어졌으니 가장 오래된 기호음료는 아마도 술일 것이다. 성서나 그리스 신화에도 술과 관련된 일화가 많다. 중국 역사에서 봐도 술이 차보다 빠르다. 특히 대화의 매개체로서 술은 경쟁자를 찾을 수 없다. 하지만 치명적인 단점도 있다. 취함으로써 생겨나는 수많은 부작용이다.

술 못지않게 긴 역사를 가진 게 차다. 중국의 차 음용은 윈난성과 쓰촨성에서 시작되었다. 진시황이 중국을 통일한 이후 서서히 중원을 포함한 중국 전체로 퍼져 나갔지만 속도는 매우 느렸다. 당나라 무렵에 이르러서야 차 마시기는 하나의 문화로 자리 잡는다. 이는 당나라의 강력한 중앙정부로 인해 차를 생산하는 남부와 북부간의 교류가 활발해졌기 때문이다. 당나라 때 차 상인들의 영향력이 소금 상인들 못지않았다고 한다. 하나 특이한 점은 당나라 때 차 확산이 술 소비 억제와도 관련이 있다는 것이다. 술 생산에 지나친 양의 곡물이 사용되자 정책적으로 술 생산량을 줄였고 그 여파로 술 가격도 급등하게 되었다. 이로 인해 차를 마시기 시작했으며 곧 그들의 고급 취향을 만족시켜 술의 역할을 차가 어느 정도 대신하게 되었다.

1600년대 초기 영국인의 식사 시간에는 대개 술이 포함되었다. 이때 술은 물 대신이었다. 물은 위생적이지 않았던 반면 술은 발효시켜 안전했기 때문이다. 1600년대 말 영국 최상류층은 술 대신 커피, 초콜릿, 차를 마시기 시작했다. 하지만 대부분의 국민은 술을 마셨고 온 종일 술에 취해 있는 경우가 많았다. 어떤 목적으로 마셨거나 술은 사람을 취하게 하고 술 취한 사람의 행동은 점잖지 못했다.

『영국 여왕들의 삶』으로 유명한 작가이자 시인 아그네스 스트릭랜드Agnes Strickland는 캐서린 브라간자에 대해 다음과 같이 평했다.

"남자뿐만 아니라 여자도 온종일 술을 마시던 시절에 취하지 않는 음료를 유행시키고 차와 커피, 초콜릿 같은 보다 세련된 대체물의 필요성을 알게 하는 데 공헌했다. 차를 마시게 되면서 술 취한 행동 대신 모든 사회 계층을 예의 바른 행동으로 이끌고 어느 정도는 문명의 발전을 촉진했다."

더구나 19세기로 들어오면서 산업혁명이 본격화되자 기계가 돌아가는 공장에서는 술보다는 차가 훨씬 더 효율적인 음료임이 증명된다. 술 취한 농부가 일으키는 사고보다 술 취한 기계공이 일으키는 사고가 훨씬 더 심각했기 때문이다.

프랑스 최고 차 회사인 마리아주 프레르는 음식과 차를 매칭시키는 것으로 유명하다. 직접 운영하는 레스토랑에서는

존 헤이스가 그린 아그네스 스트릭랜드.

음식과 이에 어울리는 차를 제공하면서 와인의 역할을 대신하고 있다.

이란, 이집트, 터키, 아랍에미리트 등 이슬람교를 믿는 중동 국가들은 우리가 생각하는 이상으로 차를 많이 마신다. 더운 날씨로 수분 섭취가 더욱 필요하겠지만 율법으로 술이 금지된 것도 중요한 이유다.

내가 번역한 『홍차 애호가의 보물상자The Ultimate Tea Lover's Treasury』의 저자이자 미국 최고의 차 전문가인 제임스 프랫James N. Pratt은 원래 와인 평론가였다. 프랫은 위 책 서문에서 "항상 술에 절어 있는 생활을 감당할 수 없어" 차로 전환했다고 밝힌 바 있다.

'술을 대신하는 차'는 현재 한국 사회를 보더라도 눈에 띄는 현상 중 하나다. 술이 포함된 저녁 식사 후 2차로 맥주 한잔 하는 것은 오랜 관행이다. 하지만 최근 2차를 커피나 차 마시는 자리로 대신하는 경우도 늘어난다. 밤에 마시기에는 커피보다 카페인이 훨씬 적은 차가 낫다.

43 위조차와 밀수차

영국인이 가장 많이 마시는 티백 제품 브랜드는 '피지 팁스PG Tips'다. 240개 티백이 들어 있는 피지 팁스를 할인가로 구입하면 티백당 약 60원이다. 영국인이 홍차를 많이 마시기는 하지만(일인당 세계 3위) 홍차 품질이 좋은 것만은 아니다.

유럽에서 국가별 소비량이 영국에 이어 두 번째인 독일은 소비량의 60퍼센트 이상을 루스 티Loose Tea(티백에 들어 있지 않은 차)로 마시는 나라다. 그러다보니 국가별 소비량으로 보면 영국이 독일의 약 여섯 배지만 금액으로 본 차 시장 규모는 영국과 독일이 비슷하다. 즉 독일이 영국보다 평균 6배 비싼 차를 마신다는 뜻이다. 사실 독일이 비싼 차를 마신다는 표현보다는 영국이 싼 차를 마신다고 말하는 게 정확하다.

이런 영국에서도 18세기 후반까지는 차 가격이 매우 비쌌다. 멀리 중국에서 오는 이유도 있었지만 관세가 아주 높았기 때문이다. 그래서 밀수차와 위조차가 차 시장을 혼탁하게 했다.

차에 세금을 부과하는 전통은 오래되어 당나라 시절에도 있었다. 영국은 초기에 차 세금을 커피하우스에서 우려서 내놓는 차에도 부과했다. 아침에 그날 판매할 분량을 우려놓고 세금 징수원이 확인한 뒤 판매할 수 있었다. 그러고는 주문이 들어오면 데워서 주는 시스템이었다.

세금이 매우 높다보니 밀수차가 많아졌다. 유럽의 많은 국가가 영국으로 홍차를 밀수출했고, 특히 네덜란드가 제일 적극적이었다. 세금이 터무니없다보니 국민 대부분이 가격이 싼 밀수차를 구입하는 데 아무런 저항심리가 없었다고 한다. 밀수하는 사람들을 보호하기까지 했다. 홍차 소비량이 급격히 늘어나는 18세기 후반에는 영국에서 소비되는 홍차의 절반 이상이 밀수차라는 통계도 있을 정도다. 이런 혼란기에 영국 차 판매상단체 대표인 리처드 트와이닝(토머스 트와이닝의 손자)이 윌리엄 피트 수상에게 세금을 낮추면 밀수차가 줄어들어 오히려 정부의 차 관련 세수가 증가할 수 있다고 설득했다. 이 덕분에 1784년 마침내 119퍼센트이던 세금은 12.5퍼센트로 대폭 낮아진다. 이후 밀수차는 없어지고 영국은 1964년에 차 관련 세금을 완전히 폐지한다.

소위 짝퉁은 그 대상도 다양하고 역사도 깊다. 차 또한 위조차의 역사가 있다. 차 가격이 고가일 때 영국 귀족들은 차를 티 캐디Tea Caddy라고 불리는 나무 상자에 넣어서 보관했고 금고처럼 열쇠로 잠글 수 있었다. 차를 우릴 때는 열쇠를 하녀에게 줘서 차를 꺼내기도 했다. 이때 하녀들은 전에 우렸던 찻잎을 잘 말려뒀다가 티 캐디에서 꺼낸 찻잎 중 일부를 자기가 챙기고 그 대신 말려놓은 차를 살짝 넣었다고 한다. 매우 소박한 수준의 위조차였다. 이후 규모가 커지면서 커피하우스 같은 곳에서 우리고 난 찻잎을 대량으로 수거한

티 캐디.

후 말려서 진짜와 섞는 사람들도 생겼다. 중국에서도 수출용 차에 우리고 난 찻잎을 다시 건조해 넣기도 했다. 그다음 단계로는 찻잎과 유사하게 생긴 식물 잎을 섞기도 하고, 녹차처럼 보이기 위해 녹색 안료를 사용하기도 했다. 이는 건강에도 영향을 미쳐 종종 사회문제가 되었다.

마른 찻잎이 짙은 적색에 가까운 홍차는 녹차보다 위조하기가 더 어려웠다. 그러다보니 가짜 녹차를 마시게 될 가능성을 우려한 영국인들이 홍차로 갈아탔다는 주장도 있다. 위조차가 사회문제가 되면서 영국은 1875년부터 법으로 검역을 시작한다.

과거의 유물 같은 위조차와 밀수차는 사실 아직도 어느 정도는 남아 있다. 오래될수록 가격이 높아진다고 알려진 보이차는 새로 만든 차를 인위적인 방법으로 수십 년 묵은 보이차처럼 보이게 만들기도 했다. 또 마른 찻잎 색상이 중요한 차에는 색을 입히는 경우도 종종 있는 일이다. 이런 경우는 건강에 해로울 수가 있다.

반면에 우리나라 홍차 애호가들은 유럽이나 미국 등 현지의 가격과 국내로 수입된 동일 제품의 가격 차이에 훨씬 더 민감하다. 현지 가격보다 두 배에서 많게는 서너 배 이상 비싼 가격으로 판매되기 때문이다. 정식 수입 절차에서 붙는 관세 40퍼센트도 영향이 있겠지만 좀 비싸다는 느낌을 지울 수 없다. 이러니 대부분은 현지에 갈 일이 있으면 구입한 홍차를 트렁크에 가득 채워 오곤 한다. 합리적이지 않은 가격 차이로 인한 불가피한 선택이다. 큰돈은 아니지만 어쩌면 작은 수준의 밀수를 하는 것인지도 모른다.

44 보스턴 티 파티와 미국 차 전통

서양의 차 역사를 논할 때 빠지지 않는 것이 보스턴 티 파티Boston Tea Party 일화다. 티 파티의 멋진 어감과는 달리 이것은 미국 독립전쟁 발발 요인의 하나였다. 영국이 네덜란드로부터 신대륙을 빼앗은 후 뉴암스테르담New Amsterdam을 뉴욕New York으로 바꿔 부른 해가 1674년이다. 이 무렵 이미 신대륙 상류층은 앞 지배자 네덜란드 영향으로 영국 못지않게 홍차를 많이 마시고 있었다. 조지 워싱턴이 영국에 홍차를 주문했다는 기록이 있는 1757년 무렵에는 대도시뿐만 아니라 지방에서도 일반적으로 차를 마셨다. 따라서 신대륙(미국)은 영국 동인도회사(1834년까지 차 수입 독점)의 중요한 차 시장이었다.

프랑스와의 전쟁 등으로 재원이 부족해진 영국은 1767년 신대륙으로 수입되는 일부 제품과 차에 일종의 식민지세를 부과했다. 신대륙 주민들이 분노한 이유는 세금이 높다는 사실보다는 본국과 차별대우를 받는다는 것이었다. 흔히들 보스턴 티 파티 원인이 차에 부과된 높은 세금 때문이라고 알려져 있지만 정확히는 식민지에만 부과된 차별화된 세금 때문이다. 이 무렵은 신대륙뿐만 아니라 영국에서조차도 차 세금은 엄청나게 높았다. 신대륙 주민들의 반감은 일련의 사건들로 시간이 지날수록 더 악화되었다.

이 같은 분위기 속에서 1773년 보스턴항에 도착한 영국 동인도회사 소속 배에 실린 차 342박스를 과격한 신대륙 주민들이 바다에 던져버린 사건이 소위 '보스턴 티 파티'라고 불린다. 왜 이런 이름이 붙게 되었는지는 불확실하지만 당시에 쓰인 어떤 글에서 342박스라는 엄청난 양의 홍차가 둥둥 떠다닌 그때의 "보스턴항은 아주 큰 티포트가 되었다"라고 묘사한 데서 단서를 찾을 수 있지 않을까 한다.

이 사건으로 야기된 영국과의 충돌이 신대륙 주민들을 단결시켰고 1775년 독립전쟁이 발발하고 1776년 신대륙은 영국으로부터 독립을 선언하게 된다(미국 측의 일방적 선언이고 영국과 조약에 의한 진짜 독립은 1783년이다).

이후 미국은 차를 마시지 않는 것이 애국적 행위로 여겨졌으며 서서히 커피로 옮겨갔다. 물론 차 마시기가 완전히 중단되지는 않았다. 독립 후에도 중국에서 직접 차를 수입해서 부자가 된 사람도 많다.

잘 알려져 있지 않은 또 하나의 미국 차 관련 역사는 일본과의 관계다. 1858년 미국은 일본과 미일수호통상조약을 맺는다. 이후 일본이 서구 세계에 문호를 개방한 후 가장 중요한 수출품이 생사生絲와 녹차였다. 초기부터 일본 녹차의 가장 큰 해외 시장이 미국이었고 19세기 후반 일본 녹차는 미국에서 크게 유행했다. 이 흐름은 20세기 초반까지도 계속되어 태평양전쟁으로 중단될 때까지 미국 차 수입 비중에서 일본 녹차가 40퍼센트를 차지했다.

이런 역사가 있어서인지 여전히 미국은 차를 많이 마시는

보스턴 티 파티.

국가다. 세계에서 차를 가장 많이 수입하는 세 나라가 파키스탄, 미국, 러시아다. 그런데 미국은 차를 아이스티로 마신다. 차는 따뜻하게 마시는 음료이고 대부분 나라는 따뜻하게 마신다. 영국은 99퍼센트가 그렇고 미국과 이웃한 캐나다도 97퍼센트가 뜨겁게 마신다는 조사 결과가 있다.

그런데 미국에서는 85퍼센트가 아이스티로 마신다. 주로 홍차인데 설탕을 넣어 아주 달게 만든다. 따라서 홍차 품질은 높지 않다. 다소 뜻밖이겠지만 아르헨티나가 홍차를 많이 생산한다. 생산량 기준 세계 10위권이다. 아르헨티나는 찻잎을 대부분 기계로 채엽하며 주로 CTC 가공법으로 생산한다. 기계 채엽해서 만든 CTC홍차는 결코 좋은 품질일 수 없다. 이런 아르헨티나 홍차 70퍼센트를 미국이 수입한다. 미국 입장에서 보면 수입하는 차 40퍼센트가 아르헨티나로부터 온다. 아이스티용 홍차는 품질보다는 가격이 더 중요하기 때문이다.

이런 미국에서 최근 들어 스페셜티 티Specialty Tea 성장세가 가파르다. 스페셜티 티는 커피와는 달리 일반적으로 통용되는 엄격한 정의는 없다. 티백과 비교해 정통가공법으로 생산한 루스 티를 의미한다고 보면 된다. 특히 MZ 세대가 고급차를 점점 더 많이 마신다. 차 시장 성장을 위한 매우 긍정적인 신호다. 이런 고급차 시장 성장의 요인은 차를 건강음료로 여기기도 하고 또 직접 우려서 마시는 행위를 여유로운 삶을 즐길 수 있는 하나의 리추얼로 보기 때문이다. 이런 추세는 지금 우리나라에서도 일어나고 있다.

45 홍차와 아편전쟁

17~18세기 런던에서 중국까지 왕복 뱃길에는 거의 3년이 소요되었다. 아시아로 간 10척의 선박 중 7척 정도만 돌아올 수 있을 만큼 위험하기도 했다. 게다가 세금 또한 매우 높아 차는 귀중품이었다.

1760년대가 지나면서 홍차 공급이 어느 정도 안정되고 세금 또한 대폭 낮아졌다. 그리고 홍차와 마찬가지로 매우 비쌌던 설탕이 이 무렵 생산지인 카리브해에서 일어난 설탕 혁명으로 저렴한 가격에 공급되기 시작했다. 뿐만 아니라 술로 인한 폐해가 극심해짐에 따라 술 대신 홍차 마시는 분위기도 형성되었다. 이러면서 영국에서는 홍차의 1차 확산기가 시작된다.

하지만 홍차를 유일하게 공급하던 중국은 매우 오만한 무역 상대였다. "우리는 오랑캐에게 은혜를 베푸는 것이다. 꼭 무역을 하고 싶으면 은銀을 가져와라." 이것이 중국 방침이었다. 그리고 1700년대 후반 중국은 인구나 국내 총생산액으로 보나 세계 최강대국이었다.

강희제(재위 1661~1722), 옹정제(재위 1722~1735), 건륭제(재위 1735~1795) 3명의 황제로 이어지는 134년은 흔히 강건성세康乾盛世로 불리는 청나라 전성기였다. 그중에서도 건륭시대가 최고 황금기였다.

인도 비하르주 파트나에 있었던 아편공장의 적재실.

홍차가 필요했던 영국은 중국 요구대로 은을 지불했다. 다행히 세계에서 제일 큰 은광 중 하나인 멕시코 사카테카스 은광에서 은을 공급받을 수 있었다. 하지만 1776년 미국이 독립을 선언하면서 멕시코에서는 더 이상 은을 가져올 수 없었다. 홍차에 대한 수요는 점점 더 늘어나고 구입에 필요한 은은 부족한 상황에서 영국이 생각해낸 방안이 아편이었다.

게다가 중국은 1757년부터 광저우항을 유일한 무역항으로 하고 대외 교역은 허가받은 중국 상인들만 할 수 있도록

하는 광둥무역체제를 실시하고 있었다. 이는 영국이나 다른 유럽국가에게 매우 불리한 조치였다. 이런 여러 문제를 해결하기 위해 영국은 1792년 귀족이자 외교관인 매카트니G. McCartney를 특명전권대사로 중국에 파견한다. 건륭제를 만나는 조건으로 중국은 세 번 무릎 꿇고 아홉 번 머리를 조아리는 삼궤구고두三跪九叩頭라는 신하의 예를 요구했고 매카트니는 이를 거절한다. 아쉬운 소리를 하러 가서 중국 측 요구를 거절했으니 협상이 잘 될 리가 없었다. 영국은 이후에도 철저한 을의 입장에서 굴욕적인 무역을 지속한다.

그런데 이 무렵에는 이미 인도에서 생산된 아편이 본격적으로 중국에 밀수출되고 있었다. 인도산 아편에 대한 독점권을 갖고 있었던 영국 동인도회사는 중국으로 보내는 아편 공급량을 점점 늘렸고 그에 비례해 중국 내 아편 소비는 엄청나게 증가해갔다. 동인도회사는 아편 값을 은으로만 받았다. 결국 광저우에서 아편을 팔아 받은 은으로 다시 홍차를 구입하기 시작했다. 결과적으로 중국의 은은 그 자리에서 맴돌았고 아편 무역 규모가 커지면서는 반대로 은이 중국에서 영국으로 유출되기에 이르렀다.

아편의 폐해가 점점 더 심해지면서 사태의 심각성을 인지한 중국 정부는 아편 단속을 강화한다. 이 과정에서 양쪽의 충돌이 잦아졌고 양국은 점점 위험한 상황으로 다가가고 있었다. 아이러니하게도 중국과 영국은 서로를 무시했다. 중화사상의 중국은 영국을 오랑캐라며 무시했고 산업혁명 성공으로 공업화를 이룬 영국은 모든 면에서 중국을 얕잡아 보았다.

마침내 아편전쟁(1840~1842)이 터졌다. 중국과 아시아 역사에 엄청난 영향을 미친 전쟁이었지만 런던 신문들 머리기사에도 오르지 못했다. 중국과의 전쟁이 영국에게는 준비되고 예측되었던 너무나 당연한 일이었기 때문이다. 어쩌면 매카트니가 받은 모욕을 갚기 위해 50년을 기다리고 있었는지도 몰랐다. 워털루 전투에서 나폴레옹을 격파한 웰링턴 공작은 "내 평생 광저우에서 영국이 받아온 모욕과 상처에 버금가는 것을 본 적이 없다. 중국은 응징되어야 한다"고 의회에서 연설했다.

물론 아편전쟁이 꼭 홍차 하나만의 이유로 일어나지는 않았다. 하지만 오늘의 관점에서 보면 사소해 보일 수도 있는 음료에 불과한 홍차가 세계사의 중요한 사건에 결정적 역할을 한 것은 사실이다.

7장

46 숫자로 보는 차 이야기

2021년 전 세계 차 생산량은 약 650만 톤이다. 차나무의 싹이나 잎으로 만든 것으로 녹차, 홍차, 청차(우롱차), 흑차(보이차), 백차, 황차로 구분되어 일반적으로 6대 다류라고 부르는 진짜 차 전체 생산량이다. 이중 절반(47퍼센트)에 가까운 약 306만 톤을 중국이 생산하면서 차 생산량에서 압도적 세계 1위다. 중국 차 생산량의 약 60퍼센트를 녹차가 차지한다. 우리나라에서는 중국차 하면 보이차를 떠올리지만 사실 중국은 녹차의 나라다. 인도는 약 140만 톤으로 두 번째, 케냐는 약 55만 톤으로 세 번째, 스리랑카는 약 32만 톤으로 네 번째다. 세 나라는 대부분 홍차를 생산한다. 이 글에서 인용되는 숫자 중 특정 연도를 표시하지 않는 경우는 지난 몇 년간의 평균치를 뜻한다. 농산물인 차는 생산량에 있어 매년 변동성이 크다.

중국과 인도는 생산량 대부분을 국내에서 소비하고 수출 비중은 생산량의 약 15퍼센트 수준이다. 반면 케냐와 스리랑카는 생산량 대부분을 수출한다. 따라서 차 수출량으로 보면 세계 1위는 케냐다. 우리나라에서 케냐는 커피 생산지로 잘 알려져 있지만, 홍차 생산량 세계 2위, 수출량 세계 1위인 케냐는 세계 홍차 산업에서 오히려 더 중요한 나라다. 케냐 입장에서도 외화 소득 1위 상품이 홍차이며. 커피는 4위에

2017년 베이징에서 열린 차 박람회 모습.

불과하다. 케냐 홍차는 생산지가 표시되지 않은 채 주로 티백제품에 블렌딩되기 때문에 우리가 잘 알지 못할 뿐이다.

차 수출 2위는 오랫동안 스리랑카였으나 최근에 중국이 2위가 되고 스리랑카는 3위로 밀렸다. 중국은 생산량 대비 수출 비중은 적으나 생산량 자체가 급증하다보니 수출량도 늘어났다. 수출 4위국은 인도다.

전 세계에서 가장 많이 생산되는 차는 홍차다(당연히 소비량도 가장 많다). 2023년 전 세계 차 생산량을 700만 톤으로 예상하고 추정한 6대 다류 물량은 홍차 350만 톤(50퍼센트), 녹차 250만 톤(36퍼센트), 청차 33만 톤(5퍼센트), 흑차 46만 톤(7퍼센트), 백차·황차 5만 톤(2퍼센트) 수준이다. 이중 홍차를 제외한 대부분의 차가 중국에서 생산된다고 봐도 무방하다.

가장 많은 나라에서 생산되고 가장 많은 나라에서 소비되는 차는 홍차다. 녹차는 중국과 일본에서 대부분 생산되고 소비된다. 인도네시아와 베트남이 그다음을 잇는다.

1인당 차 음용량 1위는 터키다. 거의 대부분 홍차를 마신다. 터키의 차 생산량(대부분 홍차)도 약 25만 톤 수준으로 중국, 인도, 케냐, 스리랑카에 이어 세계 5위다. 자국 내에서 대부분 소비된다. 생산량 6위는 베트남, 7위는 인도네시아, 8위는 아르헨티나, 9위는 일본, 10위는 타이 혹은 방글라데시다. 아르헨티나와 일본은 기계 채엽, 가공 비율이 아주 높다. 일본은 녹차를 생산해 대부분 국내에서 소비하고, 아르헨티나는 홍차를 생산하면서 대부분 수출한다. 아르헨티나 홍차의 가장 큰 수입국이 미국이다.

차를 가장 많이 수입하는 세 나라는 파키스탄, 미국, 러시아다. 이 국가들 간 순위는 자주 바뀐다. 네 번째 수입국이 영국이다. 영국은 1인당 차 음용량 기준으로 세계 3~5위권이다. 이 들 4개국이 수입하는 차는 대부분 홍차다.

지난 20년간 세계 차 생산량은 급증해왔는데, 늘어난 물량의 대부분을 중국이 생산했다. 중국은 2000년 68만 톤에서 2021년 306만 톤으로 이 기간 생산량이 네 배 이상 늘었다. 이 증가량 대부분이 국내에서 소비되었다고 보면 된다. 따라서 이 기간 중국인 1인당 음용량도 증가해 현재 세계 약 10위권이다.

하지만 중국인 중 정기적으로 차를 음용하는 인구는 약 5억 명으로 인구수의 35퍼센트 수준에 불과하다. 나머지는 가끔씩 마시거나 혹은 마시지 않는다는 뜻이다. 중국인 대부분이 차를 즐긴다는 우리의 막연한 생각과는 많이 다르다.

2021년 우리나라 차(대부분 녹차) 생산량은 3576톤으로 전 세계 생산량의 0.1퍼센트에도 미치지 못한다. 정서적, 심리적 측면에서는 녹차가 매우 중요한 자리를 차지하고 있는 듯하나 생산량이나 실제 음용 측면에서는 그렇지 못하다.

하지만 지난 10년간 우리나라 차 시장이 많이 성장하고 있는 것은 사실이다. 특히 젊은층에서 우리나라 녹차뿐만 아니라 일본 녹차, 홍차와 중국 차에도 관심이 늘고 있다. 마시는 음료로뿐만 아니라 차와 함께 하는 다양한 차 문화에도 관심이 커지고 있다.

47 인도는 언제부터 홍차를 마셨을까

홍차로만 보면 세계에서 가장 많이 생산하는 나라가 인도이고 가장 많이 마시는 나라도 인도다. 생산량의 대부분(85퍼센트)을 국내 소비하고 수출량은 상대적으로 적다. 인도는 언제부터 홍차를 마시기 시작했을까?

인도의 홍차 역사는 영국 홍차 역사와 불가분의 관계에 있다. 1700년대 후반 영국 홍차 소비량이 급격히 늘어나지만 중국과의 홍차 무역은 오히려 불안정해지고 있었다. 대안으로 중국 이외 지역에서도 홍차를 생산할 수 있는 방법을 찾기 시작했다.

1823년 인도 아삼 지역에서 차나무가 처음 발견되면서 기회를 찾았다(1823년을 인도 홍차의 시작으로 보며, 2023년 인도 홍차 200주년 기념행사가 열렸다). 아삼에서 처음으로 생산한 차 12박스가 1839년 런던에 도착하면서 영국인은 아삼에서의 홍차 생산 가능성에 환호했다. 같은 해 아삼컴퍼니Assam Company가 만들어지고 아삼에서의 홍차 생산 프로젝트가 엄청난 기대 속에서 시작되었다.

하지만 무더운 우림 지역인 아삼을 개척해서 다원을 만들고 홍차를 생산하는 일이 그렇게 쉽지 않았다. 게다가 중국은 차나무 반출과 차를 가공할 줄 하는 중국인들의 이주를 엄격히 금지했다.

1907년경 인도 아삼 차 노동자들의 모습.

20년 동안의 온갖 시행착오와 인명·재정적 손실을 거친 후 1860년 아삼에서 어느 정도 물량의 홍차가 본격적으로 생산되기 시작했다. 이 기간 아삼에서 영국인들이 겪은 고초와 어려움을 보면 홍차 발전에서 이들의 공헌을 인정하지 않을 수 없다

1862년 570톤에 불과했던 아삼의 차 생산량은 약 30년 후인 1890년경에는 4만 톤에 이르러(인도 전체 생산량이지만 아삼이 대부분) 드디어 중국에서 수입하는 물량을 초과하기 시작했다. 또 다시 10년이 지난 1900년경에는 인도 생산량이 10만 톤에 이르면서 더 이상 중국에 의존하지 않게 된다. 이로

인해 낮아진 홍차 가격으로 온 국민이 애프터눈 티를 즐기게 된 것도 이 무렵이다.

문제는 인도 홍차 생산량이 영국 내 소비량을 넘어선 것이다. 이윤을 목적으로 하는 영국 홍차 생산 회사들은 새로운 소비처를 찾아야만 했다. 이때 주목한 게 바로 인도 시장이었다.

인도인이 차나무를 재배했다거나 음료로써 차를 마셨다는 과거의 기록은 알려져 있지 않다. 따라서 인도인들은 영국에 의해서 처음으로 차를 마시기 시작한 것으로 본다.

인도 국내 소비량을 보면 1905년 4350톤에서 시작해 1910년 8150톤을 지나면서 인도 최상류층을 중심으로 홍차 음용이 시작되었다. 하지만 1910년 영국 13만 톤과 비교하면 아주 미미한 상태였다. 알다시피 인도 인구도 중국에 버금갈 정도로 많다.

1930년대 초반 영국 차 시장 성장이 정체되면서 가격이 대폭락하게 된다. 이때부터 영국 홍차 회사들은 인도인의 홍차 소비 증대를 위한 홍보를 대대적으로 펼치게 된다. 이 무렵을 본격적으로 마시기 시작한 시기로 본다면 인도인의 홍차 역사는 채 100년이 되지 않는다.

현재 인도인의 국민음료인 차이Chai는 홍차에 우유와 설탕, 향신료를 넣은 것이다.

차이 가공법에서 특징은 홍차를 우리지 않고 끓이는 점이다. 주로 우유에 홍차와 향신료를 넣고 함께 끓인 후 설탕을 넣는다. 음용 초기 홍차는 여전히 비싼 음료였다. 이런

인도 차 여행 중 일행들이 차이를 주문하고 기다리는 모습.

방법으로 양도 늘리고 자신들의 입맛에 맞게 만들었다.

인도 홍차 여행을 가면 이동 도중 휴게소나 작은 식당에 들러 차이를 사먹는 일정이 하나의 즐거움이다. 주문하면 바로 만들어주는데 집집마다 만드는 방법도 맛도 조금씩 다 달랐다. 우리는 그냥 인도 차이라고 말하지만 그렇게 간단히 말하기에는 너무나 다양한 레시피가 있다.

인도의 전통음료였던 차이는 10여 년 전부터 전 세계적으로 유행하기 시작했다. 차이 티, 차이 티 라떼, 차이 라떼 등 다양한 이름과 다양한 레시피로 전 세계에서 판매되고 있다.

48 중국인이 홍차를 마시기 시작했다?

6대 다류를 모두 생산하는 유일한 차 생산국인 중국은 주로 어떤 차를 마실까? 일단 6대 다류 생산비율을 보면 2021년 기준으로 녹차 60퍼센트, 홍차 14퍼센트, 우롱차 9.4퍼센트, 흑차 13퍼센트(보이차 포함), 백차 2.7퍼센트, 황차 0.4퍼센트 수준이다. 2008년과 비교하면 녹차가 큰 폭으로 줄고(74퍼센트에서) 홍차가 큰 폭으로 늘어났다(6퍼센트에서). 우롱차, 흑차, 백차, 황차도 조금씩 늘어났다. 비율은 많이 줄었지만 중국은 여전히 녹차 생산량이 압도적이다.

중국 차 현황에서 눈에 띄는 점 중 하나는 홍차 생산량이 큰 폭으로 늘고 있는 것이다. 홍차를 처음 만든 곳은 중국이지만 중국인들은 처음부터 홍차를 즐겨 마시지는 않았다. 홍차를 전 세계에 확산시킨, 영국을 포함한 유럽은 아주 초기부터 우유와 설탕을 넣었다. 그리고 홍차를 마시지 않는 중국인들은 수요자들인 이들의 요구에 맞춰 가공했다. 우유와 설탕을 넣어야 마실 수 있는 강한 맛이었다. 어떻게 보면 홍차는 처음부터 우유와 설탕을 넣어야만 완성되는 음료였다.

인도 아삼 지역에서 영국인이 넓은 다원을 만들고 대량으로 홍차를 생산하기 시작한 시기가 1860년 무렵이었다. 영국인이 중국 차를 처음 마시기 시작한 지 거의 200년이 지난 후였다.

햇빛이 강하고 무덥고 습한 아삼 기후 조건에서는 중국종(소엽종)보다는 아삼종이라 불리는 대엽종 차나무가 더 적합했다. 대엽종은 떫은맛을 내는 카데킨 성분을 더 많이 함유하고 있다.

채엽한 대엽종 차나무의 큰 잎을 가공과정에서 강한 유념(비비기)을 통해 찻잎에 상처도 많이 내고 동시에 찻잎도 작은 입자로 분쇄했다. 이렇게 만들어진 홍차는 빠른 속도로 우러나고 쓰고 떫은맛이 될 수밖에 없다. 그 당시 영국은 이런 홍차를 원했다. 영국이 홍차의 나라가 된 이유는 홍차가 기호식품 역할을 넘어 단백질(우유)과 당분(설탕)을 공급하는 식량에 가까웠기 때문이다.

인도 아삼에서 이런 상황이 전개됨과 동시에 거의 200년 이상을 독점적으로 유럽에 홍차를 공급해온 중국은 위기를 맞았고 새로운 돌파구를 찾아야만 했다. 중국인들은 아삼에 와서 영국인들의 홍차 생산 과정을 조사했다. 결론은 자신들이 생산하는 방식으로는 인도에서 대량 생산되는 강한 홍차와 경쟁이 어렵다는 것이었다.

대신 중국이 선택한 방향은 섬세하고 부드러운 홍차였다. 그리고 이 방식이야말로 중국인 자신들이 차를 마시는 방법이었다. 오늘날의 중국 홍차는 싹과 어린잎 위주로 가공하는 게 가장 큰 특징이다. 싹과 어린잎이 부드러워 유념도 약하게 하니 찻잎에 상처도 적고 찻잎 형태도 원래의 모습(홀리프Whole leaf)으로 유지되는 편이다. 따라서 우려내는 시간도 더 필요해 4~5분 정도가 적당하다. 이렇게 만들어진

싹으로만 만든 윈난 홍차 금아金芽.

중국 홍차는 부드럽고 감미롭다.

경제 성장으로 중국 국민들이 부유해지면서 해외여행이 많아진 것은 잘 알려져 있다. 해외여행뿐만 아니라 인터넷 등을 통해 새로운 문화를 접하면서 중국인들이 새로운 스타일의 홍차를 접하게 된다. 즉 우유와 설탕을 넣어 마시는 홍차 음용법이다. 소비력이 있는 중산층과 신세대 젊은이들 중심으로 RTD 홍차, 아이스티, 밀크티 등 다양한 형태의 홍차 소비가 늘고 있다. 이런 추세가 2014년부터 본격화되면서 중국 내 홍차 생산량 증가를 견인하고 있다. 뿐만 아니라 이런 스타일에는 인도, 스리랑카, 케냐에서 생산되는 강한 홍차가 더 잘 어울린다. 이런 이유로 최근 수입하는 홍차 물량이 늘고 있다. 인도 등은 새로운 수출시장의 등장을 매우 반기고 있다.

중국이 새로운 스타일의 홍차를 마시기 시작한 한편 기존 홍차 생산국들은 중국 스타일 홍차를 생산하기 시작했다. 고급차에 대한 수요가 전 세계적으로 늘어나면서 이들도 싹과 어린 잎 위주의 중국식 가공법으로 생산하는 양을 늘리고 있다. 차 음용 방식과 문화도 빠른 속도로 동서양간에 교류되고 있다.

49 프랑스 홍차의 혁신

홍차를 사랑하는 사람으로서 기회가 되면 꼭 한 번 만나고 싶은 사람이 있다. 마리아주 프레르의 키티 차 상마니Kitti Cha Sangmanee 회장이다.

마리아주 프레르Mariage Frères는 영국의 포트넘앤메이슨, 해러즈 등과 함께 세계에서 가장 유명한 차 회사 중 하나다. 프랑스 홍차를 영국과 대등한 수준으로 끌어올리는 데 있어 가장 큰 역할을 했다고 평가받고 있다. 차 전문회사로 끊임없이 새로운 도전을 시도하면서 차 업계를 자극해 어떻게 보면 지난 40년간 세계 홍차 시장을 선도하고 있다고 볼 수도 있다.

약 800개의 제품 목록에는 다양하고 파격적인 가향차들과 그 어느 차 회사보다도 다양한 다원차를 구비하고 있다.

현재의 마리아주 프레르는 1980년대 초반 앳된 두 젊은이들에 의해 새롭게 탄생했다. 1982년, 28세의 타이인 키티 차 상마니는 외교관이 되는 꿈을 갖고 프랑스에서 유학하던 중 네덜란드인 친구 리처드 부에노Richard Bueno의 권유로 우연히 마리아주 프레르와 인연을 맺었다.

마리아주 프레르(Mariage는 성이고 Frères는 형제)는 마리아주 집안의 두 형제가 차와 바닐라를 수입하는 회사로 1854년에 설립했다. 시간이 흘러 집안의 외손녀로 혼자서

파리의 마리아주 프레르 매장.

회사를 운영하던 비혼녀 마르트 코탱Marthe Cottin은 80세가 지난 이 무렵 후계자를 찾고 있었다.

마리아주 프레르는 설립 당시부터 도매업을 했다. 고품질 차를 고급 식당이나 백화점 같은 한정된 곳에 공급하고 소매업은 전혀 하지 않아 소비자들에게는 알려져 있지 않았다. 게다가 1980년대 초반 프랑스 차 시장은 오늘과 비교하면 매우 열악했다. 슈퍼마켓 설탕 옆 칸에서 티백 몇 종류를 판매하는 수준이었다. 영국을 포함한 다른 유럽 국가도 사정은 마찬가지였다. 특별히 관심을 가질 만한 사업 분야가 아니었다. 하지만 상마니의 표현처럼 이들은 "운명"처럼 마리아주 프레르 차의 매력에 빠져들면서 1983년에 이 회사를 인수하게 된다.

이때부터 마리아주 프레르의 역사는 새롭게 시작되었다. 가장 큰 변화는 도매에서 소매로 전환한 것이다. 그리고 키티 상마니 자신도 블렌딩에 탁월한 재능을 발휘하기 시작했다. 세계에서 가장 유명한 가향차 중 하나인 마르코 폴로를 포함하여 수많은 가향차를 직접 만들었다. 1984년에 새롭게 제작한 제품 카탈로그에는 약 250종의 목록이 있었다. 당시로선 매우 다양한 편이어서 홍차 업계를 놀라게 했다.

그리고 1985년부터 파리 마레 지구의 뤼 부흐 티부흐Rue Bourg-tibourg 거리에 티숍과 티 살롱을 차례로 오픈했다. 그러면서 고급차에 목말라 하던 차 애호가들, 작가들, 예술가들이 찾아오기 시작했고 언론에서도 관심을 보였다. 몇 년이 지나자 관광가이드북에도 실리게 되었고 이 무렵 해외여행을 본격적으로 시작한 일본인의 큰 관심을 받게 되었다. 1990년 일본에 첫 번째 해외 매장을 오픈한 이후 일본은 현재까지도 마리아주 프레르의 가장 큰 해외시장이다.

마리아주 프레르는 마레 지구에 오픈한 첫 번째 매장에서 차와 음식을 함께 판매했다. 그냥 음식이 아니라 차에 어울리는 메뉴를 개발해 크게 주목 받았다. 상마니의 새로운 발상이었다.

마리아주 프레르 매장은 크게 세 가지 콘셉트다. 티숍 혹은 티 엠포리엄Tea Emporium은 건조한 차를 판매하는 곳이고, 티 살롱은 우려 파는 곳, 티 레스토랑은 음식과 함께 파는 곳이다. 파리의 여섯 개 매장에는 세 가지 컨셉을 다 갖춘 곳도 있고 티 엠포리엄만 있는 곳도 있다.

2013년쯤 독일 차 회사인 로네펠트가 판교 근처에 차와 음식을 판매하는 티 레스토랑 매장을 열었다. 수준이 매우 높았지만 아쉽게도 곧 문을 닫았다. 당시만 해도 우리나라에서 받아들여지기에는 좀 빨랐던 것 같다.

키티 차 상마니(동업자 리처드 부에노는 1995년 사망)의 탁월성은 와인처럼, 차에게서 고급 음료의 가능성을 미리 본 것에 있다. 우유와 설탕을 넣어 아무런 차별성 없이 그냥 마시던 시절에 이미 언젠가는 차 애호가들이 품종, 테루아, 가공법 등에 따른 맛과 향의 차별성을 중요시 할 시대가 올 것이라고 예견했다. 그러면서 프랑스 사람들에게 고급 홍차의 미묘한 맛과 향의 차이를 소개했다. 오늘날 차에 있어 가장 큰 흐름은 고급화와 다양화다. 어쩌면 그 시작이 마리아주 프레르와 키티 차 상마니였는지도 모른다.

50 딜마 회장 메릴 페르난도를 애도하며

2023년 7월 20일 스리랑카 홍차 회사 딜마Dilmah의 설립자이자 회장인 메릴 페르난도Merrill J. Fernando가 93세로 세상을 떠났다. 딜마는 유럽을 위시한 서양 국가들이 압도하는 홍차 산업에서 아시아 회사로는 나름 차별화된 브랜드 이미지를 구축한 스리랑카 홍차 회사다.

홍차는 거의 대부분이 인도, 케냐, 중국, 스리랑카, 터키 등 아시아, 아프리카에서 생산된다.

그런데 세계적으로 유명한 홍차 브랜드는 거의 다 영국(포트넘앤메이슨, 해러즈, 트와이닝 등), 프랑스(마리아주 프레르 등), 독일(로네펠트 등) 같은 유럽 국가들이 가지고 있다.

아마도 19세기 후반부터 홍차 음용을 전 세계에 확산시킨 주체가 영국을 중심으로 하는 유럽 국가들이기 때문일 것이다.

게다가 앞에서 언급된 주요 생산국은 자본과 마케팅 능력이 부족하다보니 생산량 대부분을 벌크 형태로 저렴한 가격에 수출할 뿐이다. 이러다보니 생산국들은 세계적인 인지도를 가진 홍차 브랜드를 만들 여건이 되지 못했다. 이 홍차를 수입해서 블렌딩하고 패키징하고 마케팅해서 부가가치를 높여 판매하는 나라는 주로 유럽을 포함한

딜마의 메릴 페르난도 회장.

선진국이다.

이런 환경에서 예외적이라 할 수 있는 경우가 바로 스리랑카의 딜마 브랜드다. 인도와 스리랑카는 좁은 해협을 두고 인접해 있지만 나라 면적, 인구, 국력 등에서 비교가 안 될 정도로 차이가 크다. 홍차 생산량에서도 마찬가지다. 인도는 연평균 130만 톤을 생산하고 스리랑카는 30만 톤 수준이다. 그럼에도 인도 홍차업계가 딜마의 브랜드 파워를 매우 부러워할 정도다.

19세기 후반부터 영국은 인도와 스리랑카에서 홍차를 생산해 영국으로 가져갔다. 스리랑카에서 차 사업을 크게 한 사람 중 한 명이 영국인 토머스 립턴Thomas Lipton이다. 우리에게 매우 익숙한 홍차 브랜드 립턴Lipton을 만든 사람이다. 이처럼 엄청난 양의 홍차를 생산해 가져가면서도 영국은 식민 통치 기간에는 스리랑카인들을 차 전문가인 티 테이스터Tea Taster로 양성하지 않았다. 1948년 스리랑카 독립 후 처음으로 다섯 명의 젊은이들을 런던으로 데려가 티 테이스터 교육을 시켰다. 이중 한명이 딜마를 설립한 메릴 페르난도다. 영국에서 티 테이스터 공부를 하면서 메릴 페르난도는 스리랑카에서 아주 값싸게 가져온 홍차를 영국인들이 재가공하여 비싸게 판매하는 현실의 불합리에 눈을 떴다.

스리랑카로 돌아온 후 1962년 자신이 회사를 세워 직접 수출하기 시작했다. 하지만 벌크 단위로 수출해서는 유럽 회사에 종속될 뿐 이익을 남길 수 없다는 현실을 자각했다.

1985년 딜마 브랜드를 만들어 패키지 형태의 완제품 판매를 시작하고 1988년에는 회사 이름까지 딜마로 변경하면서 새롭게 탄생했다. 딜마는 두 아들 딜한Dilhan과 말리크Malik의 첫 글자를 따서 만들었다고 한다.

영국 공부에서 얻은 경험 덕분인지 메릴 페르난도는 품질 뿐만 아니라 패키지 디자인에도 각별히 신경 쓰는 등 마케팅에도 집중했다. 딜마가 성공한 가장 큰 요인은 처음부터 해외시장을 적극 공략한 점이다. 메릴 페르난도 회장의 남다른 비범함이다.

몇 년 동안 공을 들인 끝에 1988년 호주의 대형 슈퍼마켓 체인에서 딜마를 판매하면서 인지도를 높이기 시작했다. 이후 뉴질랜드, 터키, 러시아, 일본, 영국 등으로 수출하면서 세계적인 브랜드가 되었다.

사실 오늘날에도 인도와 케냐, 스리랑카 등 생산국 대부분은 여전히 벌크 단위로 낮은 가격에 차를 수출하고 있는 현실이다. 인도 생산량의 절반을 차지하는 아삼 홍차 90퍼센트 이상이 옥션에서 1킬로그램에 2.5달러 정도에 거래된다. 이들 국가들도 필사적으로 딜마 같은 브랜드를 만들고자 노력하지만, 브랜드를 달고 완제품으로 수출해서 성공하기란 결코 쉽지가 않다. 자본과 마케팅 능력, 오랫동안 축적된 블렌딩 실력을 갖고 있는 서양 홍차 회사들과 경쟁하기가 만만치 않기 때문이다.

어쩌면 다행스럽게도, 최근 들어 인터넷 등 IT 산업과 물류·운송의 발전으로 홍차 생산국에게도 기회가 생기는 중일 수도 있다.

인도 서벵갈주 실리구리Siliguri(다르질링 홍차 생산지와 인접한 도시)에 본사를 두고 2012년에 설립된 티박스TEABOX는 홍차를 전 세계에 온라인으로만 판매한다. 70여 년 전 스리랑카 청년 메릴 페르난도가 경험했던 똑같은 불합리(홍차는 인도가 생산하는데 돈은 서양인들이 번다)를 느끼고 있는 실리콘 밸리 출신 인도 젊은이들이 만든 회사다. 약 150년 전 토머스 립턴이 사용한 광고문구 "다원에서 티포트로Direct from the Tea gardens to the Teapot"처럼, 이들은 생산지에서 소비자로 직접 연결하는 새로운 유통망을 구축하고 있다. 실제로 채엽해서 가공한 지 얼마 되지 않은 신선한 홍차를 우리나라에서도 매우 쉽게 받아볼 수 있다.

불편사항이나 의문사항에 대해 실시간 채팅도 가능하고 피드백도 매우 빠르고 정확하다. 적어도 차 업계에서는 새로운 세대의 비즈니스 모델이다. 나는 2017년경부터 다원 홍차는 주로 티박스로부터 구입해서 수업에 사용하고 있다. 가격 대비 품질이 훌륭하기 때문이다.

2023년 4월 인도 차 산지 여행 때 한국에서 온 홍차 애호가들이라고 소개하면서 본사를 방문하고 싶다는 연락을 취했더니 기꺼이 환영해줬다.

이미 나의 몇 년간 구매 이력을 다 파악하고 있었다. 공동 창업자 중 두 명이 우리 일행에게 회사 내부와 제품이 가공되어 출고되는 전 과정을 자세히 설명해줬다. 국가별 매출액 기준으로 한국이 11위라고 했다. 구입하는 물량이 많은

티박스 본사에서 찍은 기념사진.

건 아니지만 고품질·고가 홍차 위주로 구매한다는 우리나라 홍차 애호가들의 취향까지 알고 있었다. 한국 시장의 성장 잠재력이 크다고 보고 홍보도 할 겸 우리 일행을 환대한 것 같았다.

오랜 전통의 유럽 홍차 브랜드들이 갖고 있는 대체하기 어려운 나름의 매력도 있다. 그리고 갓 생산한 신선한 홍차를 빠르게 공급하는 티박스 같은 회사의 장점도 있다. 새롭게 등장하는 홍차 생산국의 젊은 브랜드들을 응원하면서 우리 홍차 애호가들은 자신들의 필요와 취향에 맞게 선택하면 된다.

8장

51

2023년 인도 3대 산지 방문기

다르질링의 위기

인도의 대표적인 홍차산지는 다르질링, 아삼, 닐기리 세 곳이다. 그중 다르질링에서 생산되는 다르질링 홍차가 세계적으로 유명하다. 고급 홍차를 주로 마시는 일본, 독일은 다르질링 홍차를 특히 좋아한다. 하지만 다르질링의 재배 면적은 인도 전체 차 생산지의 3퍼센트 정도이고 생산량은 0.5퍼센트 수준이다(2022년 인도 전체 생산량 132만 톤 중 다르질링 6500톤). 이렇게 적은 양으로 세계 3대 홍차 대접을 받는 것은 그만큼 맛과 향이 뛰어난 탓이다.

이 다르질링 홍차가 지금 심각한 위기를 맞았다. 2010~2016년까지만 하더라도 다르질링의 평균 생산량은 8000톤 수준이었다. 2017년 정치적인 이유로 큰 파업이 있었고 생산량이 2800톤으로 떨어져 해외 수출시장을 잃은 것이 결정적이었다(대신 다르질링 홍차와 맛과 향이 유사한 네팔 홍차가 뜨고 있다).

다르질링 다원 노동자들의 평균 일당은 2022년 기준 582루피다. 이는 원화로 환산하면 9300원인데 현금으로 받는 232루피와

다르질링 티 플러커들. 이들의 열악한 환경이 다르질링 위기 원인 중 하나다.

주거·교육 등을 포함해 무상으로 지원되는 모든 생필품을 현금으로 환산한 350루피를 합한 금액이다. 인도의 모든 산업군 가운데 가장 낮은 임금 수준이다. 이런 열악한 조건이 2017년 대 파업에 다원 노동자들이 대거 참여하게 된 이유이기도 하다. 그 후로도 계속 근로 의욕이 없는 차 노동자들의 무단결근이 빈번해 이 또한 생산량 감소로 이어지고 있다. 게다가 인플레이션으로 생산비가 오르면서 판매가도 인상되었다. 코로나로 인한 불경기로 주요 소비국인 유럽 국가들의 다르질링 홍차에 대한 수요도 더 줄어들었다. 이런 악조건이 겹쳐지면서 그렇지 않아도 적은 생산량에 지난 몇 년간 거의 20퍼센트 가까이 생산량이 줄었고 회복 가능성도 별로 없어 보인다.

인도의 다원은 정부로부터 30년, 90년 등 장기로 땅을 임대받아 운영한다. 그리고 다원으로 임대받았을 경우 목적에 맞게 사용해야 하며, 양도 시에는 전체 노동자의 고용을 승계해야 한다. 이런 제약 속에서 경영난이 지속되다보니 투자는커녕 대부분 다원이 임금 체불이 심각한 상태다. 이러다보니 생산을 포기하는 다원들도 늘어났고, 다르질링 다원 절반이 매물로 나와 있다는 자료도 있다. 현재 기준으로 홍차 생산지로서 다르질링은 초토화되었다고 보면 된다.

이런 어려움 속에서 다르질링 차 산업을 구제하고 다원 노동자들의 생활수준을 향상시킬 목적으로 2019년 다르질링 지역이 속한 서벵갈 주정부는 새로운 법을 만들었다. 다원 면적의 15퍼센트 혹은 150에이크까지 차 관광, 교육기관, 문화·전시센터 등 다른 용도로 전용이 가능하게끔 허용한 것이다.

다르질링 지역은 홍차를 좋아하는 우리에게는 홍차 생산지로 알려져 있지만, 원래는 식민지 시절 영국인들이 더위를 피하는 휴양지로 건설한 도시다. 중심지인 다르질링 타운은 약 1900미터 고도에 위치하면서 150년 전쯤에 만들어진 고풍스런 호텔도 많고, 수준 높은 기숙학교도 많다. 지금도 인도인들에게는 관광지이고 특히 여름 휴양지로 인기가 높다. 1840년대 이후 영국인이 인도의 여러 지역에서 홍차 생산 가능성을 알아보는 중 다르질링에서 생산되는 홍차가 고지대 특유의 맛과 향을 가진 것으로 알려지면서 홍차 산지로도 유명하게 된 것이다. 다원도 대부분

마카이바리 다원 속에 있는 타지 리조트의 환상적인 풍경.

고도 1000~2000미터 사이에 위치한다.

이런 배경이 있기 때문에 주정부가 다원의 어려움을 타개할 목적으로 새로운 조치를 취할 수 있었다. 경제 발전으로 인도 부유층이 상당해졌다는 이유도 있을 것이다. 발표 이후 가장 먼저 인도의 최고급 호텔 체인인 타지가 마카이바리 다원에 스파와 수

타지 리조트를 지나가는 티 플러커의 뒷모습.

영장까지 갖춘 최고급 리조트를 만들었다. 마카이바리 다원은 다르질링 쿠르세웅 지역에 있는 아주 유명한 다원이다.

일반인이 묵기엔 터무니없이 비싸고 단체로 홍차 여행을 떠난 17명의 우리 팀에게도 전혀 가당치 않은 가격이었지만, 다원 한가운데 있다는 매력 때문에 하루 사치를 부렸다. 4년 전인 2019년에 방문했을 때 건물을 짓고 있었는데 이렇게 멋진 공간으로 변할 줄은 정말 상상도 못했다.

시작부터 끝까지 모든 것이 최고였다. 리조트 자체도 좋았지만 풍광의 아름다움은 이루 말할 수 없었다. 온 사방이 차나무로 둘러싸여 홍차를 사랑하는 애호가들에게는 더할 나위 없이 만족스런 공간이었다. 특히 차나무로 뒤덮인 산을 배경으로 떠오르는 일출을 바라보는 것은 그야말로 감동이었다.

하지만 다르질링 홍차 여행을 간 내 마음은 불편하기만 했다. 하루 숙박비가 다원 노동자들의 3개월 임금과 맞먹고 맥주 한 병이 하루 일당보다 훨씬 비싼 호텔과, 망태를 지고 차를 따러 가는 노동자들이 한 앵글에 잡히는 현실이 마음을 아주 복잡하게 했다.

주정부는 이런 변화를 통해 다원과 다원노동자 모두에게 혜택이 돌아가기를 바라고 있다고 한다. 그 의도대로 될지 아니면 이미 다원 일에 관심을 잃어가는 노동자들이 상대적 박탈감으로 인해 더욱 더 빨리 다원으로부터 떠나갈지 알 수 없다. 부디 모두가 만족하면서 계속 맛있는 다르질링 홍차를 즐길 수 있기를 기대한다.

슬픈 아삼

아삼 지역은 인도 홍차 생산량의 절반인 약 65만 톤을 생산한다. 그리고 아삼은 전 세계 차 생산량의 약 10퍼센트를 차지한다. 단일 산지로서는 가장 많은 양을 생산하는 곳이다

중국에서만 차를 수입하던 영국은 자신의 식민지 중 차를 생산할 수 있는 곳을 찾기 시작했고, 아삼을 최적지로 선택했다. 1860년대부터 본격적으로 아삼에서 홍차가 생산되기 시작한 이후 1970년대까지 아삼은 100년 이상 홍차의 나라 영국을 지탱한 최대 홍차 공급지였다.

인도 지도를 보면 동북쪽에 섬처럼 있는 지역이 아삼이다. 동북쪽으로는 중국, 동남쪽으로는 미얀마, 서남쪽으로는 방글라데

윗 아삼Upper Assam 지역의 아름다운 차 밭 풍경.

시에 둘러싸여 인도 본토와는 실리굴리 회랑Siliguri Corridor 혹은 닭의 목Chicken's Neck이라 불리는 폭 22킬로미터의 좁은 통로로만 연결되어 있다.

인도의 마지막 왕조인 무굴제국 시대(1526~1857)만 하더라도 아삼은 인도 땅이 아니었다. 복속시키려는 시도가 없었던 것은 아니지만 너무 덥고 습한 밀림 지역인 아삼은 큰 희생을 치르면서 꼭 정복해야만 하는 매력 있는 곳이 아니었다. 내가 중학교 시절 세계 최고 다우多雨 지역이라고 인문지리 시간에서 배운 그 아삼이다. 아삼은 홍차와 석유 때문에 영국의 관심을 끌었고 영국 식민지 시절 인도 땅이 되었다.

통칭 아삼이라고 불리는 이 지역은 현재 아삼, 아루나찰프라데시, 메갈라야, 나갈랜드, 미조람, 마니푸르, 트리푸라 등 7개 주로 나뉘어 있고 홍차는 주로 중심부에 위치한 아삼 주에서 생산된다. 최근 들어 주변의 다른 주에서도 생산하기 시작했다.

이런 역사지리적 배경으로 인한 이질성 때문인지 본토로부터 다소 무시당하고 배척당하는 편이라 그런 의미로 아삼 전체를 "동북부의 일곱 자매주"라고 얕잡아 부르기도 한다.

아삼의 다원 소유자, 간부들도 대부분 외지인이고 본사도 대부분 캘커타에 위치한다. 뿐만 아니라 티 보드Tea Board 같은 차 관련 기관의 본부도 거의 다 캘커타에 위치한다. 이로 인해, 인도 홍차의 절반을 생산하지만 영국 통치 시절이나 지금이나 여전히 아삼은 가장 뒤처지고 소외되고 가난한 주에 속한다. 번 돈을 아삼에 투자하지는 않고 전부 다 가져간다는 생각에 외지인에 대한 피해의식과 적개심도 많은 편이다.

2023년 4월 나는 네 번째로 아삼을 방문했다. 어느 정도 아삼 분위기에 익숙하지만 여전히 마음을 불편하게 하는 것은 많았다. 티 팩토리를 방문하기 위해 가는 도중 차 노동자들이 거주하는 마을 한가운데를 지나게 되었다. 버스 한 대가 지나갈 수 있는 직선의 비포장 도로 양쪽에 차마 집이라고 할 수도 없는 너무나

초라한 집들이 쭉 이어지고 양쪽으로 다섯 집 간격으로 공동 수도가 있었다(수도라기보다는 굵은 파이프에서 물이 계속 나오고 있었다).

조금 늦은 시간이었는데 많은 마을 사람이 수돗가에서 일을 하고 있었다. 이렇게 마을 한 가운데로 지나치기는 처음이었다. 그 순간 언젠가 읽은 "홍차의 이면裏面은 슬프다"라는 문장이 떠올랐다. 많은 사람에게 위안을 주는 향기로운 홍차를 생산하는 사람들의 삶은 정작 그렇게 아름답지 않다는 의미를 담고 있는 글이었다.

이튿날, 또 다른 다원을 방문하고 돌아 나오면서 도로 사정으로 차가 잠시 멈췄을 때였다. 뒷좌석 왼편에 앉아 있는데 우연히 차창 너머로 초등학교의 작은 교실과 학생들이 보였다. 쉬는 시간이었는지 일부는 밖에서 놀고 일부는 교실에 있었다. 아마도 차 노동자 자녀들이 다니는 학교 같았다.

내가 10미터쯤 떨어져 있는 교실의 학생들을 향해 카메라를 돌리자, 갑자기 교실에 있던 학생들까지 나와서 격렬히 손을 흔들기 시작했다. 반가운 마음에 나도 손을 흔들자 그들은 "와" 하는 큰 함성으로 답을 해줬다. 월드컵 때 골이 터졌을 때 관중들이 질렀던 소리만큼 크고 우렁찼다. 낯선 세계 낯선 사람들에 대한 동경과 호기심 가득한 반응이었을 것이다.

모든 일이 20~30초 사이에 일어났다. 이동 중이고 뒤에 따라오는 차량도 있어서 그 자리를 바로 벗어났다. 순간 나도 모르게 눈물이 흘렀다. 그러고는 내내 내가 왜 눈물이 났는지를 생각했다. 세상을 알고 그들의 위치와 상태를 아는 조금 잘사는 나라의 나이든 사람의 건방진 연민일까, 동정일까 혹은 안타까움일까 아

다원 지역에 있는 초등학교와 학생들.

니면 너무나 순진하고 해맑은 모습에 대한 감동일까. 그 순간을 생각하면 여행에서 돌아온 지금도 아련함이 남는다.

일행 중 한분은 아삼을 떠나오면서 이 여행이 너무 힘들었다고 나에게 말했다. 대강은 알고 갔지만 직접 보니 삶이 너무 힘들어 보여 안타까웠다고 했다.

아삼의 차 밭은 아름다웠다. 아삼 홍차도 맛있다. 하지만 그곳에 살면서 홍차를 만드는 사람들의 삶은 결코 아름답지 않았다. 이제 그들도 자신의 삶을 직시하기 시작하는 듯했다.

아름다운 닐기리

다르질링, 아삼과 함께 인도의 3대 주요 차 생산지인 닐기리는 생산량에서는 인도 전체의 약 20퍼센트를 차지함에도 앞의 두

너무나 아름다운 닐기리의 차 밭 풍경.

생산지에 비해서는 중요도가 좀 떨어진다. 전체적으로 맛과 향에서 뚜렷한 매력이 없기 때문이다. 대신 닐기리 홍차는 아이스티로 만들면 아주 맛있다.

인도 남부 주라고 불리는 카르나타카, 타밀나두, 케랄라 세 주의 경계선에 위치하는 닐기리 지역 역시 다르질링처럼 식민지 시절 영국인들이 개척한 피서 휴양지다. 닐기리의 중심도시 우티 ooty는 고도 2200미터가 넘는다. 우티(정식 이름은 우다가만달람

닐기리 차밭.

Udagamanalam)는 영국식민지 시절 현재 첸나이를 중심으로 한 마드라스(첸나이의 이전 이름) 관구의 여름 수도이기도 하다.

적도 인근이라 1년 내내 홍차를 생산하지만 겨울철에 해당하는 12~3월에 생산되어 프로스트 티Frost Tea 혹은 윈터 플러시Winter Flush로 불리는 홍차가 가장 맛있다. 이중에는 매우 탁월한 맛과 향을 가진 홍차도 있다. 닐기리 차산지의 평균 고도가 1700미터, 높은 곳은 2500미터에 달하다 보니 겨울철에는 온도가 내려가고 가끔씩 서리도 내리기 때문에 이런 이름이 붙었다.

비행기 노선 문제로 다르질링 바그도그라 공항을 출발해 인도의 실리콘밸리로 불리면서 IT 산업의 핵심도시 벵갈루루 공항에 내렸다. 옛 마이소르 왕국의 중심지 마이소르로 이동해서 숙박하고 이튿날 닐기리로 출발했다. 다르질링에서 우티까지 이동에만

닐기리를 대표하는 다원 중 하나인 카이르베타 다원.
기계 채엽 비중이 85퍼센트 수준으로 차밭도 기계 채엽에 적합한 형태다.

하루 반이 걸렸다.

닐기리의 중심도시는 우티이지만 다원은 주변 도시인 쿠누르Coonoor, 코타기리Kothagiri에 더 많이 있다. 식민지 시절 만든 협궤 열차를 타고 우티를 출발해 1시간 정도 걸리는 쿠누르로 이동했다. 1등석은 쿠페식으로 8명이 탈 수 있었다. 우리 일행은 세 칸에 나누어 탔는데, 덜커덩거리며 천천히 움직이는 열차에서의 경험도 색달랐다. 다들 애들처럼 좋아했다. 이동 중 차밭이 보이기 시작했다.

닐기리 차밭은 그야말로 대단했다. 다르질링은 경사가 급하고 규모가 작은 산등성이마다 차밭이 있다. 대신 한눈에 시원하게 펼쳐지는 풍광은 많지 않다. 아삼은 평원 지역에 차밭이 있으나 지평선까지 이어지는 그런 규모의 차밭은 아직은 보지 못했다. 그리

다원 한가운데 있는 아름다운 숙소 프라크리티라야 네이처 홈.

고 아삼은 햇빛으로부터 찻잎을 보호하기 위한 그늘막이 나무도 많아 마치 평지 숲속에 차 밭이 있는 것처럼 보이는 경우도 많다.

닐기리 차밭은 경사가 완만한 아주 넓고 큰 산의 기슭부터 정상까지, 그리고 아마도 정상 너머 반대편으로도 계속 이어져 그야말로 끝없이 펼쳐져 있는 것 같았다. 장대하기가 이를 데 없어 장엄하기까지 했다.

많은 자료에서 닐기리 차밭이 인도에서 가장 아름답다고 했었고 10년 전 닐기리 남쪽 무나르Munnar를 방문했을 때의 경험도 있지만, 쿠누르와 코타기리의 차밭 풍광은 정말 상상을 넘어섰다.

뿐만 아니라 차밭 분위기도 아삼·다르질링과는 사뭇 달랐다. 차나무 한 그루 한 그루가 마치 말을 거는 것 같고, 차 밭이 깊게 느껴지고 그 깊은 차 밭 속에는 수많은 이야기가 있을 것 같다는 느낌이 들었다. 카메라 앵글에 잡히는 장면마다 그 안에 스토리가 느껴졌다.

숙소도 다원 한가운데 있는 일종의 게스트하우스였는데, 새벽에 일어나 통 창을 통해 보는 어스름한 차밭 풍경은 말로 표현할 수 없을 정도였다. 요란하게 지저귀는 새소리와 멀리서 들리는 현지인들의 기도 소리 등도 이런 느낌에 일조했다.

인원이 많아 두 곳에 묵었는데 또 다른 숙소는 이름이 프라크리티라야 네이처 홈PrakritiLaya Nature Homes이었는데 PrakritiLaya는 산스크리트어로 "자연에 녹아들다"라는 뜻이라고 했다. 내 눈에는 다원 속에 녹아들어 있는 것 같았다. 플라스틱 제품도 안 쓰고, 술도 못 마시고, 제공하는 식사도 직접 재배한 채소와 과일로 만든 비건 음식이었다. 맛있고 기분 좋은 식사였다.

인도는 여전히 빈부 격차가 심하고 실제로 아삼과 다르질링을 여행하는 동안 눈에 보이는 현실은 매우 불편하기도 했다. 하지만 교육받고 의식 있는 젊은이들은 이처럼 인도의 자연과 교류와 공생을 추구하고 있었다. 어쩌면 그 공간이 우리가 사랑하는 차밭 한가운데 있어서 더 크게 와 닿았는지도 모른다.

아삼, 다르질링, 닐기리는 인도를 대표하는 세 곳의 차 생산지이지만 생활수준도, 날씨와 환경도 모두 달랐다. 차 공부보다는 그냥 차밭 여행을 하고 싶다면 단연코 닐기리를 추천하고 싶다. 눈과 영혼이 녹색으로 물들면서 온몸이 힐링된다.

52

2023년 스리랑카 홍차여행

비 그친 후의 녹색 차밭

2023년 8월 28일 출발해서 9월 6일 돌아오는 스리랑카 홍차 여행을 다녀왔다. 아카데미 졸업생을 중심으로 나 포함 16명이 홍차 산지와 다원, 티 팩토리를 중심으로 현장 실습을 한 셈이다.

스리랑카 홍차 산지는 대부분 산악지역인 고지대에 위치한다.

비 그친 딤불라의 차 밭.

가뭄으로 바닥이 드러난 호수. 멀리 사각형 바위산이 유명한 시기리아다.

게다가 여행 내내 흐리거나 비가 와서 덥지 않고 서늘한 날씨였다.

스리랑카도 오랜 가뭄이었다고 한다. 첫날 묵은 시기리아 근처의 해리턴스 칸다라마Heritance Kandalama 호텔은 호텔 자체도 멋지지만 바로 옆에 있는 큰 호수로 유명하다. 그런데 긴 가뭄으로 호수 수량이 줄어 옆 가장자리가 다 드러나 보였다. 그래서인지 스리랑카 사람들은 좋은 비라고 다들 반가워했다. 비가 우리 여행을 방해하지도 않았다. 우리나라와는 달리 스리랑카에서는 비가 내리다 그치기를 계속 반복했다. 갑자기 폭우처럼 올 때도 있었지만 그 시간은 길지 않았다. 차밭을 볼 때나 걸어서 이동할 때는 대부분 비가 멈췄다. 내린 비로 인해 차밭은 녹색이 더 선명해

비에 젖은 찻잎에 숨어 있는 거머리들이 티 플러커들을 괴롭힌다.

져 상상 속에서나 그리던 차밭의 아름다움을 마음껏 즐길 수 있었다.

불편함이 없지는 않았다. 차나무 가까이서 사진을 찍을 때 일행 중 몇 명은 거머리에게 물리기도 했다. 찻잎에 붙어 있던 거머리들이 순식간에 노출된 몸에 달라붙었다. 그렇다면 우기에 찻잎을 따는 티 플러커Tea Plcuker들도 거머리 때문에 고생할 것이 분명하다. 오랜 경험에 의한 나름의 방어책은 있겠지만 빗속에서 혹은 내린 직후 찻잎은 습기를 머금을 수밖에 없고 이로 인해 여러 가지로 불편함을 감수해야 할 것 같았다.

딤불라에서 우바까지 기차 여행

인도 아삼처럼 평원에 위치한 홍차 산지도 있지만, 다르질링이나 닐기리는 대부분 고도가 높은 산지다. 스리랑카 역시 차 산지 대부분은 고지대에 위치한다. 따라서 길도 좁고 위험해 대형버스가 다니기에는 적합하지 않다. 인도에서는 승합차 다섯 대로 이동했고, 스리랑카에서는 18인승 미니버스 2대로 내내 이동했다.

옛 도시 캔디에서 우바의 바둘라까지 연결되는 기차 여행이 스리랑카 방문객들에게는 인기가 있다. 차 여행을 하는 우리 역시 차밭이 집중되어 있는 지역만이라도 기차로 이동하고픈 꿈이 항상 있었다. 보통 딤불라의 난누아Nanuoya 지역에서 우바의 엘라Ella(혹은 반다라웰라Bandarawela)까지 약 60킬로미터 구간이 이 목적으로는 적합하다.

문제는 기차 운행시간이 매우 불규칙하다는 것이다. 지난번 여행 때는 예약하고 난누아 역까지 갔으나 연착으로 탑승을 포기했다. 이번에도 8시 53분 기차가 10시 30분쯤 거의 1시간 40분 정도 늦게 도착한다고 했지만 타기로 했다. 스리랑카도 우리처럼 기차 등급이 있겠지만 우리가 탄 것은 아마도 제일 낮은 등급이었던 것 같다. 게다가 1등석을 다 구하지 못해 나를 포함 일행 세 명은 3등석에 탔다. 승객이 너무 많아 안으로 들어가지도 못하고 객차와 객차를 연결하는 통로에서 현지인들과 배낭여행 온 서양 젊은이들 사이에 꼭 끼어 움직일 수도 없는 상태였다.

이 상황이 걱정되었는지 현지 가이드가 신경을 써 마지막 1시간 30분 정도는 맨 앞의 기관차에 올라타는 진기한 경험도 했다. 기관사 2명과 친해져 일행 중 한 명은 직접 기적을 울려보기

딤불라 지역에서 만난 밝고 건강한 학생들.

각각의 티 플러커들이 채엽한 찻잎 무게를 잰 후 티 팩토리로 가져간다.

도 했다. 기관차가 1974년에 생산된 거의 골동품 수준이라는 것도 알게 되었고 그래서인지 시속 20킬로미터로 천천히 움직여 60킬로미터를 가는 데 3시간 이상 걸렸다. 출발 직후부터 1시간 정도는 정말 아름다운 차밭이 펼쳐진다. 그 이후에도 우리나라와는 다른 원시림 같은 스리랑카의 아름다운 풍광 사이사이에 차밭

붐비는 기차 안에서 밝게 웃는 귀여운 아이들.

기관실에서의 색다른 경험을 즐기는 일행들.

이 계속 나왔다. 나는 너무 불편해서 이 차밭과 풍광의 아름다움을 제대로 즐기지 못했지만, 1등석을 타고 온 일행들은 대부분 매우 만족했다. 시간적 여유가 있으면 한 번쯤 타볼 것을 추천한다. 단, 우리 기차 말고 더 높은 등급의 기차를 타야 한다. 그래야만 제대로 즐길 수 있다.

우바: 티 팩토리의 홍차 향기

내가 책임자로 차 산지 여행을 가면 이동 중 아름다운 차밭 풍광이 나오면 언제든 멈추어 서서 짧은 시간이라도 차밭을 즐기면서 사진도 찍고 한다. 초기에 다른 팀에 속해 갔을 때 시간에 쫓겨 차밭을 즐기지도 못하고 마냥 달렸던 경험이 너무나 싫었기 때문이다. 피하고자 하는 또 하나의 경우는 어두울 때 이동하는 것이다. 차밭 보러갔는데 차밭을 못 볼 뿐만 아니라 안전도 우려되기 때문이다.

목적지인 우바의 세인트 제임스 다원St. James은 1500미터 고지대에 위치하고 나 또한 첫 방문이었다. 게다가 어두워지기 전 2시간 거리의 누와라엘리야에 있는 숙소로 돌아가야 했다. 그런데 기차 연착으로 엘라 도착이 예정보다 늦어져 시간이 촉박했

갓 채엽해온 찻잎을 리프트를 이용해 연신 위조실로 올려보내고 있다.

위조실 모습.

다. 선택의 여지가 없었다. 달렸다. 달리면서 차창 밖으로 보는 우바 지역 차밭은 너무나 아름다웠다. 좋아서 어쩔 줄 모를 정도로 아름다웠다. 가는 도중 우바 하일랜드 다원Uva Highland(세인트 제임스 다원과 함께 우바를 대표한다) 팻말을 보면서도 계속 달리려니 정말 눈물이 날 정도였다. 어렵게 세인트 제임스 다원 티 팩토리에 도착하니 보기에도 을씨년스러운 낡은 건물만 있었다. 오래 전에 이웃한 딕웰라 티 팩토리Dickwella Tea Factory로 이전했는데, 구글 지도에는 여전히 옛 위치가 표시되어 있었던 것이다. 현재 세인트 제임스 다원 홍차는 딕웰라 티 팩토리에서 생산하고 있다. 가이드가 현지인에게 몇 번을 물으면서 찾아가는데 이미 늦은 오후를 지나고 있었다. 약간 불안해지기 시작했다. 낯선 장소, 나만 믿고 있는 15명의 일행들. 티 팩토리에 이렇게 늦게까지 사람들이 있을까.

30분 정도를 더 달려 마침내 목적지에 도착했다. 불이 환하게 켜져 있었고 건물 밖에는 차밭에서 채엽 해온 찻잎을 실은 트럭들이 대기하면서 연신 찻잎을 내려 공장 위층으로 연결된 리프트

테이스팅할 무렵 밖은 이미 어두워졌다. 차 산지 여행 중 이런 경우는 처음이었다.

를 이용해 위조실로 올려보내고 있었다. 보기에도 세련되고 당당해 보이는 젊은 청년이 우리를 맞이했다. 마음이 놓였다. 빗방울이 약간씩 휘날리는 가운데 싸늘함도 느껴지는 저녁 공기를 맡으며 우리는 티 팩토리 내부로 들어갔다. 순간 훅 하며 끼쳐오는 더운 열기와 함께 온 몸을 감싸는 홍차 향. 홍차 가공의 마지막 단계인 건조 과정에서 고온으로 건조되면서 나는 향이었다.

이 따뜻한 홍차 향이 여기까지 오면서 내내 불안했던 기분을 순식간에 날려보내고 이루 말할 수 없는 위로를 주었다. 일행들도 비슷한 경험을 했다고 나중에 말했다. 홍차를 사랑하는 사람만이 느낄 수 있는 드문 경험이었다.

밖에서 우리를 맞이했던 24세의 청년은 찻잎 채엽을 책임지고 있었는데 우리와의 대화를 무척 즐거워했다. 생산 과정도 열정적으로 소개해줬다. 또 차 생산을 책임지고 있는 55년 경력의 나이 지긋한 티 매니저도 조용조용하게 우리의 의문사항에 답해주었다. 이들의 친절함도 일행 모두를 편안하게 해주었다. 티 테이스팅 다음엔 맛있는 우바 홍차도 구입했다.

우바는 7~9월 사이가 퀄리티 시즌Quality Season이다. 이 시기에 생산되는 홍차가 맛과 향이 제일 좋다. 이 기간 동북쪽에서 건조한 바람이 불어오면서 우바 홍차 특유의 멘솔 같은 향을 형성한다. 밤늦게 까지 티 팩토리가 운영되고 있는 것도 퀄리티 시즌이기 때문인 듯했다. 캄캄한 밤길을 달려 누와라엘리야로 왔다. 다들 피곤했지만 티 팩토리의 그 따뜻한 홍차 향의 여운으로 잘 이겨냈다.

실버 팁스와 골든 팁스

백차는 6대 다류 중 하나다. 백차를 대표하는 백호은침白毫銀針은 명칭 그대로 하얀 색 솜털로 덮인 바늘 모양의 싹으로만 되어 있다. 이 백호은침을 포함한 백차는 오래전부터 중국 푸젠성 정허·푸딩 지역이 가장 유명하다. 근래 들어서는 중국에서도 윈난성 등에서 백호은침 스타일의 백차를 생산할 뿐만 아니라 인도, 스리랑카, 케냐 등에서도 생산한다. 그중 스리랑카에서 TRI 2043이

실버 팁스와 골든 팁스. 색상만 다르고 외형은 비슷하다.

라는 차나무 품종의 싹으로 생산되는 백호은침 스타일의 백차가 품질도 좋고 가격적인 면에서 장점이 있어 '실론 실버 팁스Ceylon Silver Tips'라는 이름으로 세계적으로 널리 알려져 있다.

그런데 (아마도) 10여 년 전부터 '골든 팁스Golden Tips'라는 차를 스리랑카 차 회사들이 판매하기 시작했다. 백호은침은 유념하지 않아 외형이 깔끔한 바늘 모양이다. 실론 실버 팁스 역시 대부분은 마찬가지다. 스리랑카 차 회사들이 판매하는 골든 팁스 역시 대부분은 외형이 깔끔한 바늘 모양에 색상만 금색을 띠고 있는 경우가 많다. 그런데 골든 팁스가 외형이 '깔끔한 바늘 모양'이라는 것이 매우 이상하다.

보통 '골든 팁'은 짙은 회색이나 검은색에 가까운 찻잎에 금색 싹이 일부 포함되어 있는 것을 가리키며 주로 홍차에서 사용되는 용어다. 그리고 골든 팁이 들어 있는 홍차는 대체로 좋은 품질로 여겨진다.

홍차의 마른 잎이 검은색(혹은 짙은 회색)을 띠는 이유는 유념 과정을 통해 찻잎 세포막이 파괴되고 이로 인해 산화가 진행되기 때문이다. 이 과정에서 생 찻잎에 들어 있는 엽록소가 검은색 색소인 페오피틴Pheophytins, 갈색 색소인 페오프로비드Pheophorbides로 전환된다. 반면 싹에는 대체로 엽록소 양이 적기 때문에 찻잎과 함께 같은 정도로 유념되고 산화되어도 찻잎과는 달리 검은색을 띠지 않고 금색 정도만 띠게 된다. 이것이 홍차에서의 '골든 팁'이다.

다시 말해 싹이 금색을 띠려면 유념 과정에서 겉면에 상처가 나야 한다. 백호은침이나 실론 실버 팁스가 깔끔한 바늘 모양인 것은 유념이 없어 상처를 입지 않아 채엽될 때의 싹 형태를 거의 그대로 유지하고 있기 때문이다(백차 가공과정은 내가 쓴 『홍차 수업』에 자세히 설명되어 있다). 싹으로만 만든 대표적인 홍차는 전홍금아다. 전홍금아滇紅金芽는 유념 영향으로 비틀리고 굽은 외형에 싹 표면도 거친 편이다. 또 다른, 싹으로만 만든 홍차인 금준미金駿眉 역시 비틀리고 굽은 외형에 표면이 거칠다. 둘 다 유념 때문이다.

그렇다면 스리랑카 골든 팁스는 전홍금아/금준미와는 달리 어떻게 백차인 실버 팁스와 유사하게 깔끔하게 곧은 외형을 가질까.

스리랑카 골든 팁스 가공법에는 이해할 수 없는 부분이 있다. 판매되는 골든 팁스 틴에는 실버 팁스를 홍차 우린 찻물에 담가서 색을 입힌다고 방법이 설명되어 있다. 골든 팁스를 판매하는 많은 회사의 홈페이지에도 대체로 같은 설명이다. 몇 년 전 영국 해러즈에서 스리랑카 골든 팁스를 판매하면서도 그렇게 설명했다. 2015년 스리랑카의 한 홍차 회사를 방문했을 때도 담당자에게 같은 말을 들었다.

그리고 또 하나 전홍금아나 금준미는 싹으로만 만들었지만 외형이 금색인 것만은 아니다. 금아는 금색과 짙은 회색 싹이 섞여 있고, 금준미는 아주 짙은 회색 싹에 금색 싹이 간간이 보인다고 표현하는 것이 맞다. 싹이라 하더라도 자란 정도에 따라 함유하고 있는 엽록소 양이 다르기 때문에 부드러운 유념 후 산화 과정을 거치면 색상이 균일할 수 없다.

그런데 골든 팁스는 지나치게 균일한 황금색에 인위적으로 비틀리거나 굽은 외형도 아니다. 앞서 말한 가공법 즉 실버 팁스를 우린 홍차로 착색시킨 것이 맞는 듯하다. 게다가 많은 자료에 골든 팁스를 백차White Tea로 분류하고 있다. 이것도 이상하다. 골든 팁만 모아놓았다는 뜻에서 복수형으로 '골든 팁스'라고 할 수 있는 전홍금아나 금준미는 홍차로 분류되기 때문이다. 하지만 실버 팁스에 착색만 했다면 골든 팁스를 백차로 분류하는 것이 이해도 된다.

사실 차에 인위적으로 색을 입힌다는 것은 과거 영국 등에서 가짜 차를 만들 때 사용한 방법이다. 지금도 그런 경우가 있을 수 있지만, 정당하지 않은 것으로 숨기고 싶어 한다.

그런데 스리랑카에서는 어떻게 골든 팁스를 착색해서 만들고 그걸 공공연히 밝힐까? 영국 해러즈처럼 대단한 홍차 회사가 어떻게 이 가공법을 그대로 소개할까? 이것이 나의 오랜 의문 중 하나였다.

캔디에 위치한 실론 티 뮤지엄Ceylon Tea Museum은 스리랑카 차

세인트 제임스 다원 티 매니저.

역사를 알 수 있는 박물관이다. 매번 방문하는 편이다. 차를 마실 수도 있고 판매도 하는 티숍이 있는데 마침 여러 회사의 실버 팁스와 골든 팁스를 판매하고 있었다. 티숍의 (똑똑해 보이는) 젊은 책임자에게 골든 팁스 가공법에 관한 질문을 했다. 세 가지 방법이 있다고 답했다. 우린 홍차에 담그거나, 우린 홍차를 뿌리거나, 손으로 부드럽게 유념해서 산화시키는 방법Soak in black tea juice, Spray black tea juice, Rub in hand, 세 번째 방법이 (우리가 알고 있는) 정상적인 가공법이다.

세인트 제임스 다원에서 만난 55년 경력의 티 매니저 역시 같은 말을 했다. 싹을 부드럽게 유념해서 산화시킨다고. 이렇게 가

실론 티 뮤지엄 티숍 책임자.

공하는 것이 우리가 아는 지식으로는 너무나 당연하다. 그리고 이런 (정상적인) 가공법이 홍차 회사 딜마에서 출간한 *Tea & Your Health* 같은 신뢰할 만한 책을 포함하여 일부 자료에도 이미 언급되어 있다. 그럼에도 내가 현지에서 반복해서 질문한 이유는 착색하는 것이 잘못된 방법이라는 말을 듣고 싶었기 때문이다. 그런데 이상하게도 앞의 두 사람 모두 착색하는 방법이 잘못된 방법이라고는 구체적으로 말하지 않았다. 마치 앞의 두 방법 역시 가공법 중 하나로 여기는 듯했다. 물론 세인트 제임스 다원 티 매니저는 착색해서 만들면 몇 개월 지나지 않아 금색이 바래진다고 (내가 듣기에는 부정적 뉘앙스로) 말하기는 했다.

실론 실버 팁스와 골든 팁스를 만드는 TRI 2043 품종.

요약해보면 실론 실버 팁스로 나름 성공한 스리랑카 차 생산자들이 골든 팁스까지 확장했으나, 가공법에 대한 일치된 의견을 갖지 못한 것이 아닐까라는 것이 내 판단이다. 아니면 나의 의구심과 달리 착색해서 만드는 것도 하나의 괜찮은 가공법인가? 차에 대한 질문은 계속된다.

> 참고: TRI는 Tea Research Institute of Sri Lanka의 약자로 스리랑카 차 연구소를 뜻한다. 스리랑카에서 실버 팁스와 골든 팁스를 만드는 차나무 품종인 TRI 2043은 잎이 붉은 색을 띠고 싹이 크고 솜털이 많은 특징을 가진다. 이 품종이 스리랑카에서 개발되었는지 여부는 아직 확인하지 못했다.

누와라엘리야: 러버스 리프 다원과 인버니스 다원

누와라엘리야를 대표하는 건 페드로Pedro 다원이다. 러버스 리프Lover's Leap 이름으로 판매되는 경우가 많아 러버스 리프 다원으로 더 많이 알려져 있다. 누와라엘리야 홍차는 "살짝 떫은 듯하면서도 달콤함을 가진 꽃향기, 가벼운 바디감의 깔끔한 황금색 수색"으로 특징이 표현된다. 이런 맛과 향을 잘 가지고 있는 홍차로는 러버스 립 다원의 FBOP 등급이 유명하다. 등급과 맛 그리고 수색에서 알 수 있듯이 찻잎 크기도 작고 산화도 약하게 시킨다. 그래서인지 다원 방문 시 다원 측은 항상 "산화를 시키지 않는다"라는 표현을 하곤 한다. 홍차는 유념된 찻잎을 한두 시간 정도 테이블에 펼쳐 산화시키는 과정이 있다. 그 후 건조과정으로 넘어간

페드로 다원은 방문할 때마다 조금씩 변화가 있다.

다. 페드로 다원에서는 이 "한두 시간 정도 펼쳐놓는" 과정이 없다. 유념된 찻잎 크기가 작을수록 온도가 높을수록 산화 속도는 빨라진다. 페드로 다원은 브로컨 등급으로 만들면서 산화는 약하게 시키려고 한다. 게다가 날씨는 덥다. 따라서 굳이 산화단계를 따로 두지 않아도 어느 정도 산화가 이루어진다. 오히려 산화 정도를 낮추기 위해 기온이 상대적으로 낮은 밤 12시에서 오전 7시까지 주로 생산한다. 나는 새벽 1시에도 가본 적이 있고 이번에는 아침 6시에 갔다. 여러 번 만나 낯이 익은 설명자에게 왜 산화시키지 않는다고 하는지 물었다. 웃으면서 "저절로Naturally 산화되기 때문"이라고 답했다. 다시 말하지만 산화 단계를 생략하는 것이지 산화 과정이 없는 것은 아니다. 이런 추세는 요즘 다르질링 FF를 가공할 때도 마찬가지다.

이렇게 널리 알려진 누와라엘리야 홍차의 대표적인 맛과 향

페드로 다원. 오랫동안 누와라엘리야 홍차를 대표해왔다.

이외에 또 다른 맛과 향을 가진 누와라엘리야 홍차가 있다. 대표적인 것이 로네펠트에서 판매하는 '인버니스 FBOPF Ex Special 1'이다. 산화 정도도 높고 주로 홀리프 등급에 싹도 꽤 들어 있다. "안정감 있고, 마실 때 입안에서 느껴지는 묘하고 고급스런 꽃향", 나의 짧은 시음기다. 나는 인버니스 다원 홍차의 맛과 향을 더 좋아한다.

처음으로 인버니스Inverness 다원을 방문했다. 누와라엘리야 도심지에서 람보다 쪽으로 30분 정도 거리에 위치해 있다.

정식 이름은 누와라엘리야 다원이다. 페드로와 러버스 립 관계처럼 판매용 이름이 인버니스다. 인버니스는 스코틀랜드 도시

인버니스 다원. 또 다른 맛과 향을 가진 누와라엘리야 홍차를 생산한다.

이름으로 근처에 호수에 사는 괴물 전설로 유명한 네스호가 있다. 이 글에서는 인버니스로 사용하겠다.

방문을 허락받기까지는 힘들었지만(허락은 본사 느낌의 더 높은 곳에서 하는 듯했다) 정작 방문했을 때는 다원 측 사람들이 매우 적극적으로 우리를 환대해줬다. 방문객이 드문지 혹은 우리 질문이 재미있었는지 여러 사람이 주위를 떠나지 않고 자기가 아는 걸 열심히 설명해줬다. 인상적이게도 티 매니저가 여성이었는데 아주 스마트했고 질문을 비교적 잘 이해하고 적절하게 답해줬다. 전체 책임자로 보이는 남자는 그녀가 스리랑카 유일의 여성 티 매니저라고 했다. 실제로 지난 10년간 인도, 스리랑카의 수많은 다원을 방문했지만 티 매니저가 여성인 곳은 없었다.

페드로 다원은 고도, 테루아, 기후(특히 바람)로 인해 산화를 약하게 시킨 브로컨 등급이 맛있고, 외국 구매자들도 이런 스타일을 요청하는 반면 인버니스는 페드로 다원과 거리는 얼마 되지 않지만 환경과 조건이 달라 홀리프 등급에 산화를 많이 시킨 스타일이 더 맛있다고 비교해서 설명해줬다. 그래서인지 페드로 다원을 포함한 대부분의 고지대 다원에는 있는 로터베인이 인버니스 다원에는 없었다. 로터베인은 유념된 찻잎을 아주 잘게 부수는 기계로 브로컨 등급 홍차를 주로 만드는 지역과 다원에는 필수적이다.

시음을 위해 준비한 10개 정도 되는 홍차 중에 로네펠트에서 판매하는 FBOPF Ex Special 1(줄여서 FFEXSPL 1이라고 한다) 등급이 없고 FFEXSPL만 있어 이유를 물었다. FFEXSPL 1 등급은 채엽·가공하는 데 수고가 훨씬 더 많이 드는 반면 옥션에서 판매가는 FFEXSPL 등급과 큰 차이가 없어 FFEXSPL 1을 잘 만들지 않는다고 답했다. 우리 일행은 FFEXSPL 등급을 구입했다.

다원에서 티 테이스팅할 때 느끼는 맛과 한국에서 내가 우려낸 맛은 다소 다를 경우가 많다. 대체로는 내가 우렸을 때가 더 맛있다. 다원에서 테이스팅 용으로 우려내는 방법이 내가 우려내는 방법과 다르기 때문이다. 그래서 함께 간 일행들에게는 한국에 돌아와 제대로 우려내면 더 맛있으니 감안하라고 말해주곤 했다. 실제로 대부분은 돌아와서 이 사실을 인정한다. FFEXSPL은 기대에 살짝 못 미치기는 했다. 돌아와서 확인해보니 그 우려가 맞았다. 로네펠트의 FFEXSPL 1과 비교 시음하니 차이가 확실히

누와라엘리야 다원 차의 판매용 이름이 인버니스다. 빗속에서 찍은 사진.

있었다. 인버니스 다원은 FFEXSPL 1 등급과 FFEXSPL 등급의 차이가 비교적 뚜렷한 편이었다.

인버니스 다원은 고지대 다원들과 다른 몇 가지 점이 있었다. 첫째는 1963년에 국회의원인 윌리엄 페르난도가 다원 설립을 제안하여 스리랑카인들에 의해 정글Virgin Jungle을 개척하여 만들었다는 점이다.

둘째는 다원의 플랜터스Planters와 노동자들이 전부 다 스리랑카 다수 민족인 싱할라족Sinhala이라는 점이다.

셋째는 차나무가 100퍼센트 복제종으로만 이루어졌다는 것이다.

스리랑카 유일의 여자 티 매니저와 관리자들.

특히 스리랑카 고지대 다원 대부분은 (커피나무 병으로 폐허가 된) 커피농장에서 다원으로 전환된 경우가 많고 많은 다원이 영국인들이 개척해서 운영해왔다. 첫번째가 특이한 이유다.

스리랑카 다원 노동자 대부분은 19세기 후반 본격적인 다원 개척 시기에 영국인들에 의해 인도 타밀나두주에서 이주해온 타밀족Tamil이다. 지금도 스리랑카 다원 노동자 대부분은 타밀족이다. 싱할라족만으로 운영하는 게 특이한 이유다. 인버니스 다원의 여성 티 매니저도 여러 다원에서 본 여성 노동자들과는 외모가 많이 달랐다. 싱할라족이라고 추측된다.

머문 시간이 길지는 않았지만 친밀감을 가장 많이 느낀 곳이 인버니스 다원이다. 나중에 다시 방문하면 서로가 매우 반가울 것 같다는 느낌이 든다.

마케팅 측면에서의 아쉬운 점

세계에서 가장 많이 마시는 일반적인 홍차는 여러 국가와 지역의 홍차를 섞은 '블렌딩 홍차'다. 일반적으로 고급 홍차라고 여겨지는 것이 단일 다원 홍차다. 인도의 다르질링, 아삼, 닐기리, 스리랑카의 누와라엘리야, 딤불라, 우바 같은 유명 산지에는 유명 다원들이 많다. 소비자인 우리가 이런 다원들을 아는 방법은 주로는 판매회사를 통해서다. 즉 포트넘앤메이슨, 해러즈, 마리아주 프레르, 로네펠트 같은 세계적인 차 회사들이 자주, 많이, 판매·취급하는 다원을 좋은 것으로 여길 수밖에 없다. 물론 구입해서 마셔보고 비교하는 과정을 통해 애호가들도 자신만의 선호와 견해를 갖게 된다. 로네펠트에서 판매하는 잉글리시 브렉퍼스트 중 하나는 우바 지역 세인트 제임스 다원 FBOP 등급이다. 패키지에 명확히 표시하고 있다. 나머지 하나도 우바 하일랜드 다원인데 홈페이지에 들어가야 알 수 있다. 사실 여기에는 설명이 필요하다. 잉글리시 브렉퍼스트는 대표적인 블렌딩 홍차다. 블렌딩의 가장 큰 특징은 일관성 있고 차별화 된 맛과 향이다. 즉 각 차 회사마다 나름의 철학을 반영한 특색 있는 잉글리시 브렉퍼스트를 가지고 있고 또 그 맛과 향을 일관되게 유지하려고 노력한다. 반면 단일 다원 홍차는 맛과 향의 변동성이 매우 큰 편이다. 차 가공 과정의 속성상 어쩔 수 없다. 물론 훌륭한 다원은 자신들이 생산하는 홍차 수준을 일정하게 유지하려고 노력은 한다. 그렇다

우바의 세인트제임스 다원.

하더라도 로네펠트 같은 회사가 잉글리시 브렉퍼스트라는 대표 제품에 변동성 많은 특정 다원 홍차를 사용하는 것은 매우 이례적이다. 5~6년 전부터 세인트 제임스 다원을 패키지에 표시해 판매하고 있다. 나는 로네펠트가 세인트 제임스 다원과 특별한 관계를 맺고 지속적으로 같은 품질의 홍차를 공급받을 수도 있다고 나름 짐작하기도 했다. 그리고 잉글리시 브렉퍼스트에 우바 홍차를 사용하는 것은 충분히 납득이 된다. 스리랑카 홍차 중에서는 우바 홍차 맛이 제일 강하기 때문이다.

세인트 제임스 다원을 방문했을 때 로네펠트에서 판매하는 것과 같은 품질의 홍차를 시음하고 싶다고 했다. 그런데 다원 티 매니저와 관리자들은 자신들 홍차가 로네펠트에서 판매되고 있다는 사실조차 모르고 있었다. 당황했지만, 이런 상황은 다른 다원들도 비슷했다.

스리랑카는 모든 홍차를 티 옥션에서 거래하도록 정해져 있다(2017년 경우 생산량의 99퍼센트가 옥션을 통해 거래되었다). 다원과 차 회사가 직거래하더라도 신고는 해야 한다. 따라서 다원들은 거의 대부분의 홍차(아마 모든 홍차)를 옥션으로 보낸다. 그러고 나면 그 차가 누구에게 판매되는지는 알 수가 없게 된다. 해외 차 회사가 직접 옥션에서 구매하는 경우는 드물다. 대부분 현지에 있는 중간 대리인(회사)이 있게 마련이다. 이렇게 보면 세인트 제임스 다원뿐만 아니라 대부분의 다원이 자신들의 차가 어디로(혹은 어떤 차 회사에게) 판매되는지 모르고 있는 것도 이해는 된다.

하지만 여전히 이해가 안 되기도 한다. 왜냐하면 유명 차 회사에서 자신들의 차를 판매하는 것은 다원 입장에서는 자랑이 될 수 있기 때문이다. 뉴비싸나칸데 다원 필라피티야 전 사장(2019년 작고)은 런던 포트넘앤메이슨 매장에 가서 자신이 만든 '뉴비싸나칸데 FFEXSPL 1'을 옆에 두고 사진을 찍을 정도로 관심이 많았다.

다르질링 다원들은 특히 자신들 홍차의 판매처에 관심이 많

세인트제임스 다원 티 매니저와 우리 일행.

다. 해피밸리 다원 입구에 있는 입간판에는 “해피밸리 다원차가 해러즈에 독점 공급된다”라고 크게 쓰여 있었다. 마카이바리 다원 사무실에는 정파나 다원 세컨드 플러시로 알려진 로네펠트의 ‘다르질링 섬머골드’가 있었다. 오래 전 싱불리 다원을 방문 했을 때였다. 다원에서 판매되는 FF가 너무 비싸 어떻게 마리아주 프레르에서 판매되는 싱불리 다원차 가격과 다원에서 직접 판매되는 가격이 비슷할 수 있냐고 항의한 적이 있다. 사장은 웃으면서 “당신은 마리아주 프레르에서 판매되는 싱불리 다원차가 100퍼센트 싱불리 것이라고 확신하느냐"고 반대로 나에게 물었다. 즉 자신의 다원차가 어디서 어떻게 유통되는지를 파악하고 있다는 의미다.

지난 4월에 다르질링을 다녀왔다고 말하니 세인트 제임스 다원 55년 경력의 티 매니저는 나에게 다르질링 홍차의 맛과 향이 어떠냐고 물었다. FF와 SF 차이에 대해 설명해줬다. 그러고 나서는 한참 생각했다. 55년 경력의 티 매니저가 다르질링 홍차의 맛과 향을 모른다고? 너무 뜻밖이라 심지어는 차에 대한 내 지식을 가늠하려고 묻지 않았을까 생각하기도 했다. 스리랑카 다원에서 구입한 홍차 가격은 매우 저렴했다. 유명 다원들의 최고 등급 기준으로 그렇다. 스리랑카 홍차 가격이 낮게 형성되는 이유 중 하나가 어쩌면 바깥 세계에 대한 이들의 무관심 때문이 아닐까 하는 생각도 들었다

물론 답은 잘 모르겠다. 지금도 훌륭한 맛과 향이지만, 바깥 세계의 홍차 추세에 관심을 기울여 품질을 더 개선하고 더 높은 가격을 받아도 되지 않을까 하는 생각이 든다. 스리랑카의 자연과 사람, 홍차를 사랑하는 애호가의 한 사람으로 진한 아쉬움이 남는다.

딤불라: Bought leaf Only와 non RA

스리랑카 다원 티 팩토리는 대부분 4~5층 건물에 은색 외관을 하고 있다. 이중 4층과 5층 혹은 5층만을 위조실로 사용한다. 케닐월스 다원 티 팩토리에는 위조실 한 부분에 BOUGHT LEAF ONLY 그리고 non RA라고 표시되어 있었다. 한층 아래 홍차를 가공하는

중지대를 대표하는 다원 중 하나인 딤불라의 케닐웕스.

공장 내부에는 기둥에 RA tea in Processing이라는 표시도 있었다.

세계적으로 볼 때 차를 생산하는 시스템은 크게 두 가지다. 하나는 다원 소유 차밭에서 채엽한 찻잎 위주로 다원 티 팩토리에서 생산하는 시스템이다. 나머지 하나는 차를 가공하는 공장Bought Leaf Factory만을 가지고 있는 주체가 자신의 차밭을 가지고 있는 개별농부Small Tea Grower로부터 생 찻잎을 구매해서 완성된 차로 가공하는 시스템이다. 두 번째 방법을 STG/BLF 시스템이라고 부른다(STG/BLF와 관련해서는 『홍차 수업2』에 자세히 설명되어 있다).

스리랑카 전체 생산 물량 중 STG/BLF 시스템으로 생산되는 비중이 약 75퍼센트 정도다. 고지대의 경우에는 대체로 다원에서 채엽한 찻잎으로 생산하는 비중이 높고 중지대, 저지대는 구입하는 비율이 압도적이다. 이번에 방문한 곳 중 CTC 홍차만 생산

위조실. STG로부터 구입한 찻잎은 구분해서 위조한다.

티 팩토리 내부. 다원에서 채엽한 RA 인증 받은 찻잎만 구분해서 가공한다.

하는 캔디의 우다야칸다Udayakanda 티 팩토리는 100퍼센트 구입한다고 했다. 사바라가무와 지역의 뉴비싸나칸데 티 팩토리 역시 90퍼센트 이상을 구입한다. 두 곳은 BLF로 공식적으로 다원이라는 표현을 쓰지 않는다. 우바의 세인트 제임스와 누와라엘리야의 인버니스 다원은 100퍼센트 다원 찻잎만 사용했다. 딤불라의 케닐웕스 다원은 80퍼센트가 다원 찻잎이고, 20퍼센트 정도는 구입해서 사용했다. 케닐웕스 다원 위조실에 표시되어 있는 BOUGHT LEAF ONLY(구입한 찻잎만 위조함) 문구는 이렇게 개별 농부로부터 구입한 찻잎만 따로 위조하는 공간이라는 뜻이다. 일반적으로 구입한 찻잎은 다원에서 채엽한 찻잎보다 품질이 낮은 것으로 간주된다. 다원보다는 관리가 잘 되지 않을 뿐만 아니라 많은 농부로부터 구입하다보니 찻잎에 일관성이 없기 때문이다. 이러다보니 완성된 차 품질에 부정적 영향을 미칠 수밖에 없다.

이런 이유로 케닐웜스 다원은 다원 찻잎과 구입한 찻잎을 위조 단계부터 구별하여 별도로 관리하는 것이다.

RA라는 표시도 같은 연장선이다. RA는 열대우림연맹Rainforest Alliance의 약자다.

유럽의 식품, 음료 시장에서 농산물의 안전성에 대한 우려가 커지면서 내가 먹는 농산물(차를 포함한)이 어디서 오는가 그리고 어떤 사람들이 어떤 환경에서 생산하는가에 대한 관심이 늘어났다. RA는 1987년 설립된 비정부 조직NGO으로 공정무역과 비슷하나 환경 보호에 좀 더 초점을 맞춘 단체다. RA 마크는 연두색 개구리 디자인으로 일상에서 커피나 차 포장지에 인쇄된 것을 본 적이 있을 것이다. 이 마크가 인쇄된 것은 RA로부터 인증Certification을 받았다는 뜻이다. 이런 인증 마크가 소비자들에게 좋은 이미지를 주면서 다원들도 이를 획득하기 위해 다원 관리 및 차나무 재배에서 친환경 방법을 도입하고 있다. 하나의 조직으로 다원은 이런 인증을 받기가 상대적으로 용이하나, 수많은 개별 농가들은 매우 어렵다. 케닐웜스 다원이 BOUGHT LEAF ONLY/non RA라고 구별하는 이유는, 다원은 인증을 받았지만 개별 농가의 찻잎은 인증을 받지 못했기 때문이다. 공장 내부에 RA tea in Processing(RA 인증 받은 찻잎 가공 중) 표시 역시 마찬가지다. 결국은 구별해서 생산하여 다원 찻잎으로 생산한 차에는 RA 마크를 붙이고 구입한 찻잎으로 생산한 차에는 붙이지 않는다는 의미다. 케닐월스 다원이 차 가공과정에서 이런 구별을 엄격히 지키는지는 알 수 없다. 하지만 이런 시스템이 운영되고 있다는 것은 매우 고무적으로 느껴졌다.

그랜드 호텔 애프터눈 티

스리랑카의 가장 유명한 차 산지이자 휴양지는 고도 1900미터에 위치한 누와라엘리야 지역이다. 고지대가 주는 서늘한 기후로 인해 식민지 시절 영국인들이 휴양지로 새로 만든 도시다. 누와라엘리야를 대표하는 숙소 중 하나가 그랜드 호텔이다. 작은 영국Little England이라 불리는 누와라엘리야를 상징하는 건축물이라고 볼 수 있다. 19세기 초 영국 총독의 별장이었던 시절까지 거슬러 올라가면 거의 200년 역사를 가진다. 보통은 1891년에 세워졌다고 하는데 현재의 소유자인 누와라엘리야 호텔 컴퍼니Nuwara Eliya Hotel Company가 이 부지를 인수하면서 큰 변화가 있었기 때문이다. 1954년 스리랑카를 방문 중이던 엘리자베스 여왕이 부활절 날 차를 마시러 들른 일화도 유명하다.

스위스에서나 볼 법한 외관에다 내부 또한 고풍스럽고 고급스럽기가 이루 말할 수 없다. 하지만 근래 들어 주위에 새 호텔들이 세워지면서 조금 오래되고 낡은 느낌을 주기도 한다. 나는 두 번이나 묵어봤기에 이번에는 바로 이웃한 아랄리아 호텔을 잡았다. 대신 그랜드 호텔 애프터눈 티를 즐기기로 했다.

호텔 1층 왼편에 스리랑카를 대표하는 홍차 회사인 딜마의 티

그랜드 호텔의 딜마 티숍.

우리 일행을 위해 준비된 티룸.

숍이 있다. 2012년 처음 갔을 때부터 있었다. 더운 지방답게 티숍은 문 없이 호텔 정면에 있는 정원과 바로 연결되어 있어 한층 여유로워 보인다. 이번에 보니 딜마 티숍 전체가 새롭고 고급스럽게 리뉴얼한 것 같았다. 그랜드 호텔 애프터눈 티는 딜마 티숍에서 제공한다. 우리 일행 16명만을 위해서 따로 준비된 티룸 역시 너무나 우아하고 좋았다.

조금 일찍 도착해서 1층 곳곳의 멋진 공간과 소품들을 구경했다. 서빙하는 남녀는 20세기 초 영국 귀족 사회를 배경으로 한 영화에 나올 법한 복장을 하고 있어 영국의 어느 성에서 대접받는 느낌이었다. 삼단 트레이가 다양한 티푸드로 예쁘게 장식되어 나오고 차가 제공되었다. 나는 내가 우려낸 차 외에는 좋다는 평가를 잘 하지 않을 만큼 맛에 까다로운 편인데 첫 홍차부터 정말 좋았다. 이후 세 종류 차가 더 나왔는데 그때도 맛있었고 지금 생각해도 여전히 좋았다는 느낌이다. 처음 제공된 차를 보여달라고 해서 우리 일행은 하나씩 구입했다. 그런데 한국에 돌아와서 우려보니 맛있긴 했지만 애프터눈 티에서 마셨던 그 맛은 아니었다. 돌이켜보면 내가 우린 홍차 맛이 진짜 맛일 것이다. 그날 마신 홍차는 진짜 홍차 맛이 아니라 뭔가 분위기에 취해 더 맛있게 느껴진 것이 아닐까. 그만큼 그날 애프터눈 티가 (정확히는 분위기가) 마음에 들었던 것 같다. 바깥에는 빗방울이 약하게 휘날리고, 약간은 서늘한 공기, 바깥 티룸 곳곳에 앉아 차를 마시는 여유로운 사람들.

일행 대부분이 그랜드 호텔에 아쉬움이 남는 것 같아, 일정을 조정해 이튿날 한 번 더 방문해 호텔 식당에서 점심을 먹었다.

호텔 1층에 있는 딜마 홍차 매장을 구경하는 일행들.

스리랑카는 관광 사업이 중요한 나라다. 따라서 스리랑카의 경제력에 비해서는 호텔이 발달한 편이다. 차 산지 여행은 계속 이동하는 일정이라 7박 하면서 7개 호텔에서 묵었다.

의미 있고 좋은 호텔은 방문 때마다 묵기도 하지만 매 여행 때마다 코스가 조금씩 변경되기에 이번에는 4개 호텔을 처음 만나보았다. 나도 일행도 호텔에 대해서 별로 불만이 없다. 시설도 직원들의 서비스도 대체로 훌륭하다. 이번에 처음 묵은 딤불라 해튼 지역의 아르게일Argyle 호텔은 크지는 않았지만 모든 것이 훌

아르게일 호텔 전경.

호텔에서 바라본 차밭 풍경, 멀리 뾰족한 봉우리가 아담스 피크Adam's Peak다.

우리 일행을 환송하는 호텔 직원들.

륭했다. 온 사방이 차밭으로 둘러싸인 환경이 특히 좋았다. 떠나는 날 아침에는 단 하루 숙박한 우리를 환송하기 위해 20명 넘는 직원들이 호텔 현관에 서서 손을 흔들어주었다. 매번 그렇게 하는지는 알 수 없지만 그래도 뭉클했다.

스리랑카는 코로나 시기를 지나면서 관광객이 줄어 우리나라 IMF 때보다 더 심한 어려움을 겪었다. 아마 호텔은 최악이었을 것이다. 이제 관광업이 다시 살아나는 과정이니 빨리 회복되기를 바란다. 차 산지 여행은 묵는 호텔도 중요한 이미지를 남긴다. 차 여행을 하는 우리를 위해서 그리고 무엇보다 스리랑카 홍차를 위해서도 스리랑카가 빨리 멋진 나라가 되었으면 한다.

부록

조지 오웰이 우린 한 잔의 맛있는 홍차

조지 오웰

『동물농장』『1984년』 등으로 잘 알려진 조지 오웰George Orwell (1903~1950)은 홍차 애호가로도 유명하다. 1946년 1월 12일자 『런던이브닝스탠더드』에 기고한 그의 「한 잔의 맛있는 홍차A nice cup of tea」는 홍차를 맛있게 우려내는 11가지 원칙을 설명한 것으로 홍차 관련 에세이로는 지금까지도 최고로 꼽힌다.

오래 전에 쓴 글이라 현실과 맞지 않은 부분도 다소 있지만 홍차를 맛있게 우린다는 면에서는 여전히 유효한 내용이 훨씬 더 많다. 아래에 직접 번역해보았다.

손에 잡히는 아무 요리책에서 홍차를 찾아보면 십중팔구는 언급된 내용이 없다. 혹은 있다 하더라도 가장 중요한 몇몇 관심사에 관해서는 정작 별 도움이 되지 않는 몇 줄의 대략적 설명만을 보게 될 것이다.

이 점이 참 흥미롭다. 홍차가 아일랜드, 호주, 뉴질랜드뿐만 아니라 영국에서도 문명의 주요한 요소 중 하나이며 홍차를 가장 맛있게 우리는 방법이 열띤 논쟁의 주제라는 것을 생각하면 더욱 그렇다.

홍차를 맛있게 우려내기 위해 내가 각별히 신경 쓰는 점을 헤아려보니 적어도 11개나 되는 핵심 포인트가 있다. 이들 중 2개 정도는 대부분이 동의하는 내용일 것이다. 그러나 적어도 4개 정도는 논쟁의 여지가 꽤나 있다.

이제부터 홍차를 맛있게 우려내기 위한 11가지 규칙을 말해보겠다. 이 11가지 하나하나가 매우 중요하다고 생각한다.

첫째이자 가장 중요한 것은 인도 홍차나 스리랑카 홍차를 마시는 것이다. 물론 중국 홍차 또한 무시할 수 없는 장점은 있는데 가격이 싸고 우유를 넣지 않고 마실 수 있기 때문이다. 그러나 중국 홍차에는 자극이 없다. 그래서 중국 홍차를 마시고 난 후에는 좀 더 현명해졌다거나 좀 더 용감해졌다거나 더 낙천적이 되었다는 느낌을 받지 못한다. 따라서 '한 잔의 맛있는 홍차'라는 표현처럼 차가 주는 위안을 소중히 여기는 이들은 대부분 인도 홍차를 마신다.

둘째로, 홍차는 적은 양을 우려야 맛있는데 따라서 티포트에 우리는 것이 좋다. 주전자에 우려낸 차는 늘 맛이 없다. 커다란 가마솥 같은 데서 우린 군대 스타일 차는 기름 냄새나 석회 냄새가 난다. 티포트는 자기나 도기로 만든 것이 좋다. 은이나 브리타니아 메탈(은과 비슷한 재질로 값이 저렴해 은 대용으로 사용했음—옮긴이)로 만든 티포트로 우린 홍차는 맛이 없다. 에나멜로 칠한 티포트는 최악이다. 희한하게도 백랍(주석과 납 등의 합금—옮긴이)으로 만든 티포트는 요즘은 보기 어렵지만 그렇게 나쁘지 않다.

셋째, 티포트는 미리 예열해야 한다. 뜨거운 물로 헹궈내는 일반적 방법보다는 뜨거운 철판 같은 곳에 올려놓는 것이 더 좋다.

넷째, 홍차는 강해야 한다. 1쿼터(약 1.14리터) 용량 티포트에는 가득 담은 티스푼 여섯 개가 적당할 것이다. 홍차가 배급되고 있는 이 시기(제2차 세계대전 중인 1940년에 시작해서 1952년까지 영국은 홍차 배급제를 실시했다—옮긴이)에 이런 방법으로 매일 마실 수는 없을지도 모른다. 하지만 강하게 우려낸 홍차 한 잔이 약하게 우려낸 20잔보다 더 낫다는 생각에는 변함이 없다. 진정한 홍차 애호가라면 강한 홍차를 좋아할 뿐만 아니라 시간이 흐를수록 매년 조금씩 더 강하게 마시는 경향이 있다. 고령자에게 할당되는 홍차 배급량이 좀 많아야 한다고 여겨지는 이유다.

다섯째, 찻잎은 티포트에 바로 넣어야 한다. 스트레이너

(금속으로 만든 그물망 같은 것으로 현재는 주로 인퓨저로 불린다. 다양한 형태가 있다—옮긴이)나 모슬린 백(면직물로 만든 그물망 모양 주머니—옮긴이) 혹은 다른 도구들을 사용하면 찻잎을 가두게 되어 좋지 않다. 어떤 지방에서는 부유하는 찻잎을 거를 목적으로 티포트 주둥이 아래 작은 금속망을 매달기도 하는데 해로울 수도 있다(티포트에서 따르는 차가 이 금속망에 걸러져 찻잔으로 들어간다—옮긴이). 사실 어느 정도 양의 찻잎은 같이 마셔도 전혀 문제되지 않는다. 게다가 티포트 속에서 찻잎이 자유롭게 움직이지 못하면 결코 제대로 우려질 수 없다.

여섯째, 티포트를 물이 끓고 있는 주전자 쪽으로 가져가야지 반대로 해서는 안 된다. 물은 아주 펄펄 끓여야 한다. 이 말은 티포트에 붓기 직전까지 물이 끓고 있어야 한다는 의미다. 갓 끓기 시작한 물만을 사용해야 한다고 주장하는 사람도 있는데 맛에 어떤 차이를 가져오는지 나는 전혀 알 수 없다.

일곱째, 우리면서 찻잎을 휘저어줘야 한다. 더 좋은 방법은 티포트 전체를 잘 흔들어주는 것이다. 그 후 찻잎을 가라앉혀야 한다.

여덟째, 좋은 브렉퍼스트 컵(아침식사 때 차나 커피를 마시는 머그 형태의 큰 컵—옮긴이)으로 마셔라. 즉 얄고 지름이 넓은 잔 말고 머그 형태 잔이 좋다. 브렉퍼스트 컵은 양도 많이 담을 수 있다. 다른 종류의 잔에 담은 홍차는 채 마시기도 전에 항상 반쯤은 식어버린다.

아홉째, 홍차에 넣는 우유는 지방 성분이 많으면 안 된다. 지방 성분이 너무 많으면 항상 차 맛을 니글니글하게 한다.

열째, 찻잔에 홍차를 먼저 따라야 한다. 이것이야말로 논쟁이 가장 많은 주제 중 하나다. 실제로 영국의 모든 가정에서는 이 주제에 관해 아마도 두 학파가 있을 것이다. 우유를 먼저 넣어야 한다고 주장하는 학파도 상당히 강력한 논리를 편다. 하지만 내 주장은 의문의 여지가 없을 정도로 확실하다. 홍차를 먼저 따른 후 우유를 넣으면서 휘저어야 우유의 양을 정확하게 조절할 수 있다. 반대로 하면 우유를 너무 많이 넣는 경향이 있다.

열한째, 러시아 스타일로 마실 요량이 아니면 설탕을 넣지 마라. 물론 이 점에 있어서는 내가 소수의견에 속한다는 것을 잘 알고 있다. 그렇지만 홍차에 설탕을 넣어 자신

인도에 있는 조지 오웰의 생가.

이 마시는 차 맛을 망가뜨리면서도 어떻게 스스로를 진정한 홍차 애호가로 여길 수 있는지 모르겠다. 마치 홍차에 후추와 소금을 넣지 않는 것과 같이 이치다. 홍차가 쓴맛이 나는 것은 맥주가 쓴맛이 나는 것과 마찬가지다. 설탕을 넣으면 더 이상 홍차 맛을 알 수 없고 단지 설탕의 단맛만 느낄 수 있다. 즉 뜨거운 물에 설탕을 녹인 것과 별반 차이가 없다.

일부는 자신들이 홍차 자체를 좋아하는 것은 아니며, 다만 몸에 온기를 주고 자극이 필요해 마실 뿐이므로 홍차의 떫은맛을 없애기 위해서는 설탕이 필요하다고 말할지도 모른다. 차를 제대로 알지 못하는 이 같은 이들에게는 2주 정도만이라도 설탕을 넣지 않고 마셔보라고 권하고 싶다. 다시는 설탕을 넣어 자신의 차를 망치고 싶어 하지 않을 것이라고 확신한다.

위에서 언급한 내용들은 차 음용과 관련해서만 제기되는 논쟁은 아니고 차와 연관된 모든 분야가 어떻게 세련되고 섬세해지는지를 보여주기에도 충분하다.

뿐만 아니라 차와 관련하여 이해하기 힘든 사회적 관습들도 있고(예를 들면 차를 잔 받침에 따라 마시는 것이 왜 점잖지 못한 것으로 간주될까?) 우린 찻잎을 다른 목적으로 사용하는 경우에 관한 글도 많다. 점을 친다든지, 손님 방문을 예상한다든지, 토끼 먹이로 준다든지, 덴 상처에 바른다든지, 카펫을 청소하는 데 사용하는 사례들이 여기에 포함된다.

할당된 배급량으로 효율적으로 우려내기 위해서는 티포트를 예열하거나 완전히 끓은 물을 사용하는 것 같은 섬세한 부분에도 관심을 가질 필요가 있다. 제대로만 우린다면 찻잎 2온스(57그램)를 가지고도 20잔의 맛있고 강한 차를 만들 수 있다.

ㄷ

ㄹ

ㅁ

ㅇ

ㅌ

ㅍ

ㅎ

홍차 탐구

초판인쇄 2023년 11월 5일
초판발행 2023년 11월 15일
지은이 문기영
펴낸이 강성민
편집장 이은혜
편집 강성민 홍진표
마케팅 정민호 박치우 한민아 이민경 박진희 정경주 정유선 김수인
브랜딩 함유지 함근아 박민재 김희숙 고보미 정승민
제작 강신은 김동욱 이순호
펴낸곳 (주)글항아리 | 출판등록 2009년 1월 19일 제406-2009-000002호
주소 10881 경기도 파주시 심학산로 10 3층
전자우편 bookpot@hanmail.net
전화번호 031-955-8869(마케팅) 031-941-5158(편집부)
팩스 031-941-5163
ISBN 979-11-6909-176-3 03590

잘못된 책은 구입하신 서점에서 교환해드립니다.
기타 교환 문의 031-955-2661, 3580
www.geulhangari.com